유사과학 탐구영역

뿌리와
이파리

• 차례 •

유사과학 탐구영역

1. 미세먼지 흡수식물

이 만화는 특정 기업이나 상품을 특정하여 서술하거나 묘사하지 않습니다.

고등학교를 다니던 때의 일이었지…
여느 때와 같이 학교를 다녀오던 길이었어.

길을 건널 때, 브레이크가 고장난 트럭이 속도를 줄이지 못하고 횡단보도를 향해 돌진했고…
끼이이이익-

난 사고를
당하고 말았지.
환자의 심박수, 혈류량, 산소포화도가 전부 기준치 이하로 내려가고 있습니다!
아드레날린 투여는?
벌써 몇 번이나 했어요!
이대로라면 병원에 도착하기 전에 혈류량 부족으로….
힐끔

심폐기능이
약해져 있고 출혈이 심해
아드레날린을 투여해도
회복되질 않아…
지금 수혈을
할 수 있는 것도
아니고….

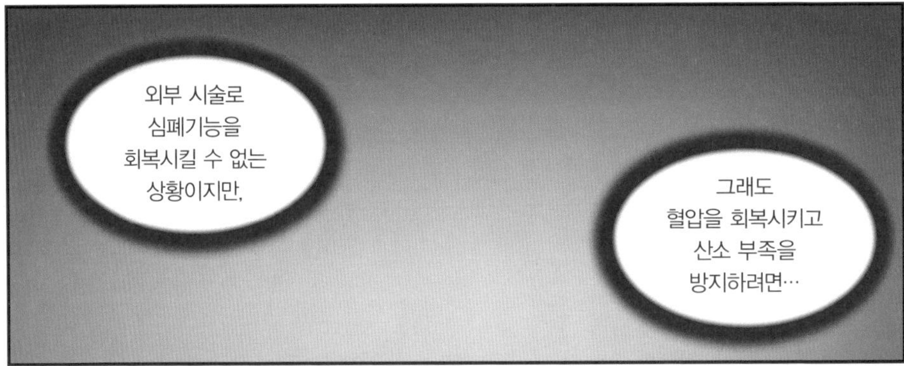
외부 시술로
심폐기능을
회복시킬 수 없는
상황이지만,
그래도
혈압을 회복시키고
산소 부족을
방지하려면…

방법이
없을까…?

저건?!
수학 II

교과서…
이건?
환자의 소지품
같은데요.

어쨌든 지금
그게 중요한 게
아니잖아요!
아니야…
어쩌면 그게 지금
유일한 희망일
수도 있어!

이과 인게 대체
무슨 상관…
…핫!

학생, 정신차려!
잠들면 끝이야!
학생 혈액형이
어떻게 되지?!
으윽….

혀… 혈액형?
수혈…?
B형인데요….

B형이라고?

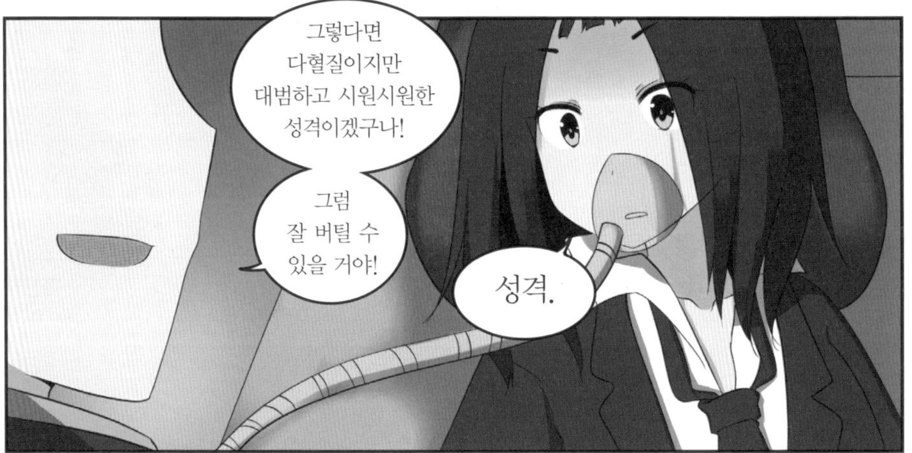
그렇다면
다혈질이지만
대범하고 시원시원한
성격이겠구나!
그럼
잘 버틸 수
있을 거야!
성격.

딸깍

지금
내가 제대로
들은 거 맞나.
…잠시만요.
방금 대체 뭐라고
지껄이신 건지 확인
가능한가요?
어때?
환자의 맥박,
혈류량 모두
소량 증가하고
있습니다!

역시…
효과가 있어!
분노하면
열이 받고 혈압이
올라간다!
그리고 혈액형
성격설은 이과에게는
역린… 화가 안 날
수가 없겠지!

아, 그리고
저기 선풍기는
도착할 때까지
꺼두도록 해!

밀폐된 공간에
환자가 있는데
선풍기로 귀중한
산소를 소모해서
질식 우려가
있으니까!
질식.

아니
선풍기랑 산소가
대체 무슨…
우선 병원에
도착할 때까지
심폐기능
상승을 위한 약을
주사할 건데…

아 참,
안심하세요!
이 약…
천연 성분만
사용했으니까!

천연.
왜 있잖아요,
공장에서 정제한
화학약품은 몸에 안 좋은 거!
이건 천연이니까
좋은 거!

같은 비타민도
화학비타민이랑
천연비타민이 확
다르다니까요!

우와…
이거 너무
많이 올라가는 거
아니에요?
231
142
186

후후후…
좋아, 좋아!
이제 결정타로
큰 거 하나 꽂아주지!
그러면 병원에 도착할 때까지
심박수와 혈류량이 여유롭게
유지되겠지!

아, 그리고!
물 같은 거도 좋은 말을
해주면 분자구조가
예쁜 모양이 되어서 효능도
더 좋아지는 거 알죠?

칭찬이나
좋은 말을 해주면
효능이 더
좋아진답니다~

착하다~
고마워라~
예뻐져라~

뚜
둑

턱

파삭
이쁜 분자구조 같은 소리하고 앉아 있네. 이 미…

…친, 한시가 급해 죽겠는데 당연히 정제된 유효성분만 투입해도 효과가 있을까 말까 한데, 뭐?!

천연 성분?! 까놓고 말해 유효성분 빼면 지금 전부 필요없는 불순물인 상황인데?!

그리고 공장에서 만든 비타민은 분자에 화학약품이라고 써붙이고 나오고

천연비타민은 자연산이라고 원자 표면에 써 붙이고 나오나배?!

나오나배: '나오나봐?'의 방언 표현

뭐?! 좋은 말을 해주면 분자구조가 예뻐져?!

산소원자 하나, 수소원자 하나만 다른 데 가서 붙어도 완전 다른 물질이 되는데

예뻐지면 뭐 아주 다른 약을 투여하겠다 그 말이냐 그럼?!

스카우터가…!
뭐지?!
탐지범위를
넘었어!
임계수치를 돌파!
위험합니다!

선풍기 날개가
돌아가면서 산소원자를
반으로 쪼개놓냐,
산소가 왜 없어져?!
그리고
선풍기가
돌아가면?!
아니면
선풍기가 숨을
쉬냐 그럼?!
그리고!

혈액형!!
그 망할 혈액형
성격어ㅓㅓㅓㄱ
어억….

푸
화아악
생활상식 사자성어
칠공분혈(七空噴血) :상판 일곱 구멍으로 피를 뿜음.

풀썩
빨리
수술실로!
맙소사,
혈관에 피는 한 방울도
안 남았는데 순수한
아드레날린 용액이
흐르고 있어!!
덜덜덜

…그렇게
죽을 고비를 넘긴
일이 있었지.
으… 응.

근데
그게 왜?

그래서 난
그 이후로 유사과학,
과학의 이름 뒤에
숨어서 장사나
하려드는
그런 부류를
근절하기 위해
과학교육과에
들어왔다.
근데 네가
그딴 걸 듣고 오면
안 되지.

아니 분명
뉴스에서도 실험을 통해
효과가 있다고
그랬단 말야!
이 틸란드시아라는
식물은 공기정화식물로
높은 효과를 갖고 있어서
미세먼지를
제거해 준다고!

실험결과에서
70퍼센트나
줄이는 데
성공했대!

야, 그 뉴스에서 나온 실험결과를 한번 자세히 볼까?
그 실험에선 고작 사방 1미터밖에 안 되는 작은 공간에 화분을 세 개나 밀어넣고 실험했지?!
식물이 들어간 공간에선 70퍼센트의 미세먼지가 제거.
야, 그리고 옆에 아무것도 안 넣은 방에서도 40퍼센트의 먼지가 자연히 가라앉아서 공기 중에서 사라졌다!

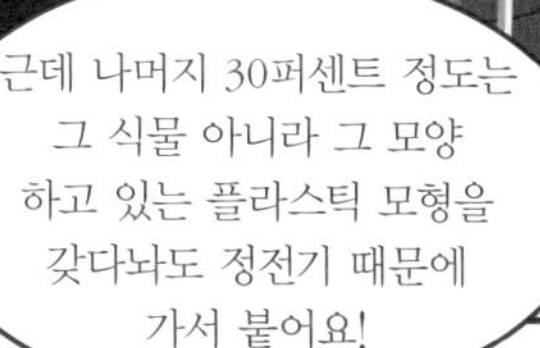
근데 나머지 30퍼센트 정도는 그 식물 아니라 그 모양 하고 있는 플라스틱 모형을 갖다놔도 정전기 때문에 가서 붙어요!

끄응…

야, 게다가 1세제곱미터 공간에 화분을 세 개나 집어넣어야 30퍼센트 감소효과를 보는데,
그 공간 안에서 그 식물이 차지하는 공간이 벌써 절반을 넘어가잖아.

그럼 그 30퍼센트 미세먼지 감소효과를 보려면 이 방의 절반 이상을 그 식물로 채워야 될 텐데,
그럼 거기가 학회실이냐, 아마존이냐?
으으으…

정 미세먼지 신경쓰이면 아예 그러라고 만든 공기청정기를 쓰든가….
얘넨 뭐 멍청해서 화분 몇 개로 퉁칠 수 있는 걸 비싼 돈 들여서 기계를 만들고 있는 거니?

진짜 악질인 건
미세먼지에 대한 불안함을 이용해서 이때다 하고 팔아서 한몫 챙겨보려는 사람들이라고!

그리고 그런 사람들에게 힘을 실어주는 건 그냥 TV 같은 데서 좋다고만 하면
생각도 안 해보고 무작정 사대는…
헬로~
오옷, 강의 끝났어?
…뭐야, 이 가증스러운 식물은?
아니 뭐 어때. 돈 주고 산다는 사람 있는데 팔아주는 게 자본주의지. 아주 좋아.
안 그래도 이 화분 때문에 지금껏 공격당하고 있었으니 일사부재리의 원칙에 따라
또 공격하지 않아 주길 바란다.
…하, 이 따뜻하고 꽃 피는 봄에 황사니 미세먼지 덕분에
하늘은 뿌옇고 목은 먼지 때문에 칼칼하니…
어디 나다니지를 못하니 이 어찌 사람 산다고 할 수가 있단 말이냐.
오늘은 딱 삼겹살에 쏘주를 곁들여서 목에 기름칠을 해야만 하는 각인 부분인 것이다.

…뭐?

회식?
우리 실험조
오늘 삼겹살 회식?
야~
그거 좋네!
지금
가서 애들한테
물어보고
올게!
아니, 야.
잠깐.

삼겹살이
목이랑 대체
무슨…
바로 간다!
안 듣고
나갔어.

지는 그렇게
유사과학이 어쩌고
하더니…
호흡기랑
삼겹살 먹는 거랑
대체 무슨 상관이
있다는 거야.
그야, 뭐…

옛날 탄광에서 일하던
광부들을 중심으로 삼겹살
열풍이 분 적이 있다고 하지.

공기 질이 좋지 않은 곳에서 일하기에
만성적으로 목이 좋지 않던 광부들이
목을 보호하기 위해
삼겹살을 먹었다곤 하는데
(소위 '기름칠한다'고 했다)

*삼겹살이라는 돼지고기 부위가 구이용으로
주목받기 시작한 것도 이때부터다.
이전에는 상품으로서 가치가 없어 도살장 직원들
사이에서만 소비되고 말 뿐이었다고 한다.

깔깔해진 목에 삼겹살이 넘어가니
목이 풀리는 느낌이 들어서 그랬는지는
몰라도 삼겹살의 지방이 지용성
중금속이나 먼지 등을 흡수해
배출시킨다는 낭설이 돌기도 했지.

식도와 호흡기는 분리되어 있으니(당연히)
서로 그런 효과는 없고
지용성 유해물질이나 중금속 등은
신체 내부의 지방조직에 달라붙으니
당연히 배출 또한 될
이유가 없는 게 사실이고.

그래! 그거야말로 낭설이잖아!

난 미세먼지 청정식물 화분 하나 들고 왔다고 그렇게 쪼아댔으면서
지는 미세먼지라고 삼겹살을 먹으러 간다니 그거야말로 모순 아냐?!
음~ 저건 다른 케이스라고 생각해.

잰 3주 전에는
벚꽃 폈다고 삼겹살
회식을 했어.
지지난주에는
비가 온다고 삼겹살
회식을 했지.
지난주에는
꽃샘추위가 왔으니까
삼겹살 모임을
했고….

삼겹살이 효능이
있느냐 없느냐
미세먼지랑 관련이
있느냐 없느냐는 전혀
중요한 게 아냐….
단지 구실이
필요할 뿐이지.

말하자면
그냥 순수하게
삼겹살을 좋아할
뿐이라고나 할까?
좋아, 다 모았어!
삼겹살 먹으러 가자!
…

삼겹살의
효능은?
맛이
좋아.

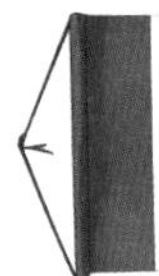

유사과학 탐구영역

2. 전자파 차단 스티커

이 만화는 특정 기업이나 상품을 특정하여 서술하거나 묘사하지 않습니다.

음…

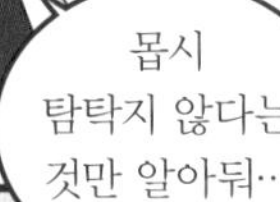

…그 상업주의로 점철된 풀떼기에 미련을 못 버리고 있는 모양이군.
그걸로 한번 호되게 뭐라고 했으니깐 다시 그걸로 푸닥거리하진 않겠지만
몹시 탐탁지 않다는 것만 알아둬…

하여튼 그놈의 '기능성 식물'이 돈 벌기엔 최고…
응?

뭐여 이건?

선인장.
야 이것 봐라, 딱 전자파 흡수랍시고 갖다 놓은 느낌의 선인장 아니냐?
말해두는데 내 꺼 아니다.

테레비 옆에 선인장.
애들아~ 나 오늘 월척 건졌다!
이것 봐봐!!

전자파 차단 스티커! 이거 장당 사천 원짜린데 완전 싸게 넉 장 사천 원에 팔고 있더라!
니들두 한 장씩 나눠 줄까?

제 발로 납셨군.

헤이 유.
엉?
여기 잠깐
앉아보시게.
으엉?
그럼
심문을 시작해
보자구.
으잉?
뭘 시작해?

전자파 차단?
스티커?

그래!
전자파!
전자파
차단 스티커!!

야 왜 전자파 그거
엄청 몸에 안 좋다며.
불안증 유발하고 몸도 안 좋아지고 뭐지
정자 수도 감소시키고 그 완전
치명적이드라.
전자기기와 떨어져 살 수 없는
현대인들에게는 신경써야만 할 일이지!
특히 스마트폰!

바로 여기서
등장하는 게 폰에
붙이는 식으로 나온
전자파 차단 스티커!

간편하게
폰에 붙이는
것만으로
오케이!

안에 금으로 코팅된 부분이 있어서
전자파를 완벽하게 차단해준대!

…

…좋아,
그 '전자파 차단'에
대해서 말인데.

전자파,
즉 전자기파는 광선이고,
직진하는 성질을
갖고 있지?

어…
그렇겠지?

그걸 차단해 보겠답시고
차단 스티커를
붙였다고 했는데…

어차피 전자파는
내부 기판에서
전 방향으로 방출되고
있을 텐데
이 스티커가
백 번 양보해 완전한
차단능력을
갖고 있다고 쳐줘도
붙여놓은 손톱만 한
부분만 가려줄 텐데
방출되는 나머지 대다수
전자파들은 어떻게 막지?
으음…
이것도
니 꺼지?
딱 요게
그거랑 같은 꼴인데.
전자파 막아보겠답시고
TV나 컴퓨터 옆에
선인장 화분 갖다 놓는 거.
그야 선인장 속의 수분이
전자파를 어느 정도
막아줄 수는 있겠지만
그 선인장을
TV 앞도 아니고
옆에다 갖다 놓고
전자파를 차단해주길
원하는 건 대체
무슨 심보야?

어… 뭐 이렇게
흡수 같은 거 해주는
효과 있는 거 아냐?

직진하는 전자파를
옆에 있는 선인장이 어떻게 흡수해!
선인장이 블랙홀이냐?!
그래, 주변 전자기파랑 가시광선을
몹시 강력한 중력으로 굴절시켜
흡수한다 치면 선인장이
이렇게 보여야 될 거다!!

빛(가시광선)도 전자기파이므로 강력한 중력렌즈에 의해 이렇게 일그러져 보인다.
이 블랙홀에 의한 중력렌즈는 영화 〈인터스텔라〉에서 인상적으로 표현한 바 있다.

아
하고 싶은 말 왕창 했더니
후련하다.
그럼
이 스티커는
무용지물인 건가…

아냐, 만약 그게 진짜
전자파 차단 효과가 있는
소재를 썼다면
완벽하게
핸드폰의 전자파를
차단할 수 있어!

줘봐.
이렇게…
…
…?
됐다!
여기.

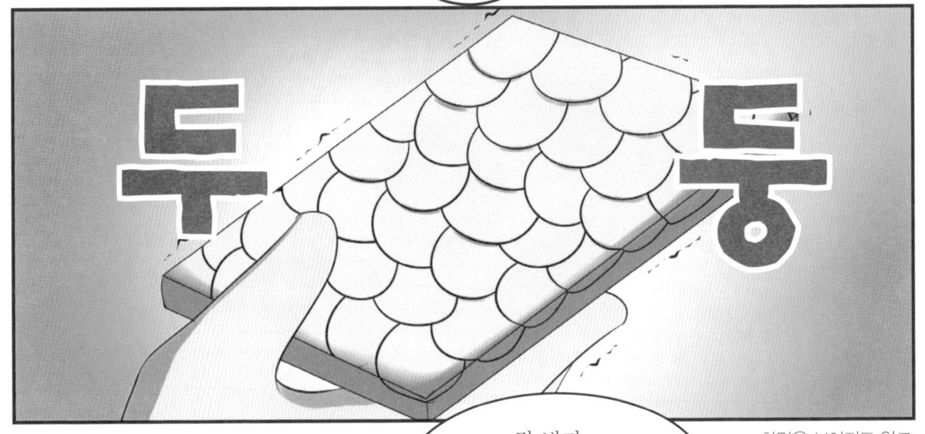
두
둥

화면은 보이지도 않고

잘 봐라,
전자파가 얼마나
잘 차단되는지…
야!!

이제 니 폰에
전화를 걸어도
전자기파가 완벽하게
차단돼서

아예
통화도 안 감.

야, 까놓고 말해서
전파로 통신을 주고받는
통신기기에
전자파 차단
어쩌구 하는 것부터가
어불성설이지.
그리고
저 선인장도 그래!
물이 어느 정도
전자파를 차단할 수
있는 건 사실이지.
하지만 어?
물로 전자파 차단
효과를 보고 싶거들랑
저런 알량한
선인장이 아니라!!
아예 이렇게
어항을 TV 앞에
갖다 놔야지.
으… 응.
차단은 확실하겠네.
뭐 그래봤자
TV 뒤쪽으로 뿜어져 나오는
전자파가 벽에 반사돼서
돌아오는 것까지는
어떻게 못하겠지만.
으어어

그렇게 상시
전자파에 노출되고 있는데
문제가 생기려면 벌써 생겼겠지!
그걸 이제 와서
스티커 한 장 붙여놓고
전자파 차단이 어쩌니 그래??
하여튼…
내가 맘에 안 드는 건
문제가 되는 원인이 뭔지,
그 문제가 정확히 뭔지
파악할 생각조차
안 하면서
그냥
화분 하나 꼴랑 놓고,
아니면 스티커 하나 딸랑
붙여놓고 '이젠 해결됐어~' 하는
그 태도가 마음에
안 드는 거야.
하하…
그들이 원하는 건
문제의 해결이
아니라네.
?!
누구지?!
오늘 그 스티커를 판
노점상…!!
그들이 원하는 건
작은 안도감일 뿐이야.

그래서 나는 그저 그들의 불안을 해소해줄 수 있는 안도감을 팔았을 뿐이라네. 실제 전자파가 차단되는지 어떤지는 그들에게 중요한 것이 아니지.
보게나, 과거 자연과학이 그다지 발달하지 못했을 때에도
여전히 인간이 감당하기 힘든 재앙은 많았고 그것을 어떻게든 해결해야 했지.
홍수, 가뭄, 우박, 전염병 같은…
물론 그때엔 그것들이 왜 일어나는지, 세균 같은 원인이 있는지에 대한 지식도 없었으니 해결할 방법은 없었지만
그렇다고 손 놓고 그저 당하고만 있을 수도 없었겠지.
그래서 미신과 같은 주술적인 방법에 의존하기 시작했네. 부적이나 풍수, 점 같은….
물론 그것들이 문제를 해결해주진 못했겠지만 최소한 사람들에게 안도감은 주었겠지. 재앙에 의한 사회의 혼란도 안정시켜 주었을 테고.

현대에 와서 그것이 달라졌다고 생각한다면 그건 인간의 오만일세.

오히려 점점 복잡·전문화 되는 과학기술의 발전은 일반 대중이 따라갈 수 없는 신비한 마법의 영역에 이르러버렸지…

게다가 그걸 알려줄 과학교육은 점점 축소되고 사라져가는 형편이지. 사람들도 거기엔 관심이 없어.

그러니 여러 떠도는 유사과학에 사람들이 현혹되고 그러는 것도 자연스러운 일이야.

그러나 그런 괴담에
고통받는 사람들을
그냥 내버려둘 수도 없지.
최소한 나는 그들에게
심적인 안정이라도 가질 수 있게
해주고 싶네.
비록 지금은 이렇게
노점상으로 소수의
사람들에게만 그 안정감을
나누어줄 수밖에 없지만
자네들 같은 사람들의
후원이 조금씩 더해진다면
곧 더 많은 사람들에게
이 안정감을
전달해줄 수 있겠지.
그 또한
아름다운 일이
아니겠는가?

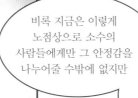

…

…헉?!
…당했다!!
그 영감한테 홀려서
어느새 사버렸어!!

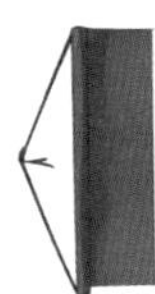

유사과학 탐구영역

3. 커피와 에너지드링크

이 만화는 특정 기업이나 상품을 특정하여 서술하거나 묘사하지 않습니다.

한티대학교 중앙동
건물 옥상에는…

이렇게 조그만 가건물들이
빽빽하게 올라가 있다.

대부분 각종 동아리들의
동아리방으로 활용되는
가건물들이다.

덕분에
겨울엔 시원하고
여름엔 따뜻하죠.

'대학'하면 이렇게
꿈과 낭만이 넘치는
동아리 활동이 로망 중의
하나이지만

이 친구들처럼 동아리만
만들어놓고 동아리방에
눌어붙어 있을 뿐인
유령 동아리도 많다.

놀라운 사실은
여기가 일단
캠핑 동아리라는
것입니다.

밖에를 안 나가니
인도어 캠핑이라고
할 수 있죠!!

딱히 활동도
별로 안 하면서
왜 동아리방이랍시고
만들어서 들어앉아 있는가
하면…

대학 강의는
중간중간 비는 시간이
생기게 되는데 그런 시간을
보내기에도 좋고

책이나 각종 물건을 보관할
사물함도 부족하기 때문에
물건 던져놓기도 좋다.

동아리방의 활용도가
가장 빛을 보는 시기는
역시 시험기간인데…

이 시기엔 도서실이고 열람실이고
전부 밤새 공부하다가 바로
시험 치러 갈 사람들로
꽉 차 있어 자리 구하기가
하늘의 별 따기다.

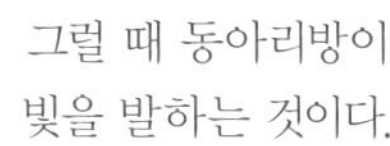
그럴 때 동아리방이
빛을 발하는 것이다.

앤 커피 사러 가서
왜 아직도 안 와?
으…
졸리다.
한티대학
생물교육과 2학년
고혜람
사왔다~
기계공학과 2학년
김도원
컴퓨터공학과 2학년
이원솔
왔구나!
커피!!
밤샘의 연료!!
행정학과 1학년
유바람
아… 그게
원래 커피로 통일하기로
했었잖아? 근데 오늘 워낙
많이 사갔는지 근처 편의점은
싹 전멸이더라구.
그래서 일단
구할 수 있는 걸로
최대한 구해봤는데…
뭣…

에너지드링크
고카페인 커피
디카페인 커피
HOT Bull
The Beast
바쿠스 A
피로회복제
근데 제일 왼쪽에 저거 뭐여 저거?!
디카페인 커피라고?!!
카페인을 들이부어도 밤새기에 부족할 텐데 그 카페인을 덜어내?! 이거 마시고 공부가 되겠냐?! 이단이다! 신성 모독이다!!
아뇨… 그건 제가 마실 건데요.
안심하세요
카페인 그거 몸에 별로 좋지도 않은 거 왜 그렇게 찾으시는지…
지금 몸에 해로운 게 문제냐?! 야 인생에 카페인이 해로울까 C학점이 해로울까?!
오늘을 넘겨야 내일도 있는 거야!

카페인!
커피(Coffee)에 들어 있다
그래서 카페인(Caffeine)!!
O
N
N
N
N
중추신경 자극,
아데노신 억제효과를
통한 각성효과는
역사를 통해
인류에게 엄청난 수요를
불러일으켰지!
그리고 우린 이제
이게 없으면 안 되는
지경에 이르러 있는 거라고!

음…
근데 그렇게
카페인이 필요하시면
동아리방에 커피믹스가
이렇게 많은데…

그건 안 돼!
카페인이 너무 부족해!
…그래요?

잘 알아둬!
인간은 적응하는
동물이다…

식후
한 잔의 여유
LET's B+
비단 시험기간뿐이 아니라도
일상적으로 마시는 커피만큼
우리는 카페인을 섭취하게 되지.
뭐지, 요즘
컨디션 수치가
계속 높네
정상
그만큼 상시 카페인에 의한
효과가 나오고 있는데…
정상
정상
암만해도 요즘은
이게 정상 요구치인
모양이다…
정상
정상
이 상태가 지속되다보면
뇌는 아예 그만큼의 수치를
정상 요구치라고
판단해버리게 된다.
그런데 갑자기
커피를 안 마셔서 컨디션
수치가 원래의 정상수치로
떨어지게 되면 평소 카페인
섭취량에 따라 높아져 있던
요구치만큼 컨디션이 부족하다고
오판을 하게 돼서…
피로감, 두통 같은 현상을
일으키기도 하지.
※이렇게 카페인에 의해 적응된 요구치는
3일 정도면 다시 원래대로 돌아온다.
요따위 알량한 일반 커피로는
카페인에 이미 쩔어 있는 우리에게는
맹물이나 다름이 없다 이 말이여!
그나마…
여기 있는 것들은
고카페인 라인업이긴
하지만…
그래도 이 중 최고의 효율을 갖는
한 병을 마셔야만 한다.

HOT Bu
바쿠스 A
일반적으로 생각하면
에너지드링크나 피로회복제가
좋아 보이지만…

사실 의외로
카페인 특화 드링크가 아니면
오히려 커피보다 카페인양 자체는
더 적은 경우도 많지.
HOT Bu
바쿠스 A

또 오히려 카페인 함량을
강화한 고카페인 커피 같은 건
정말 엄청난 카페인양을
자랑하기도 하고.
오호…
물론 카페인양뿐 아니라
다른 요소들도 볼 필요가
있겠지만…

이 학교에서 바쿠스-F는 종교적인 이유로 기피되는 경향이 있다. 바쿠스는 술의 신 디오니소스의 로마식 이름이니, 바쿠스-F는 이름 그대로 해석해보면 술의 신이 F를 들고 있는 형세라 성적이 영 좋지 않은 곳에 맞을 수 있다.

어쨌거나 이 한 병으로
오늘 밤샘의 운명이
갈린다는 점은 확실하다!
뭐라 그러는 건지…

아…
그러고 보니
궁금했던 건데
피로회복제나
에너지드링크엔 타우린도
제법 들었잖아?
앤 뭐지?
타우린은…

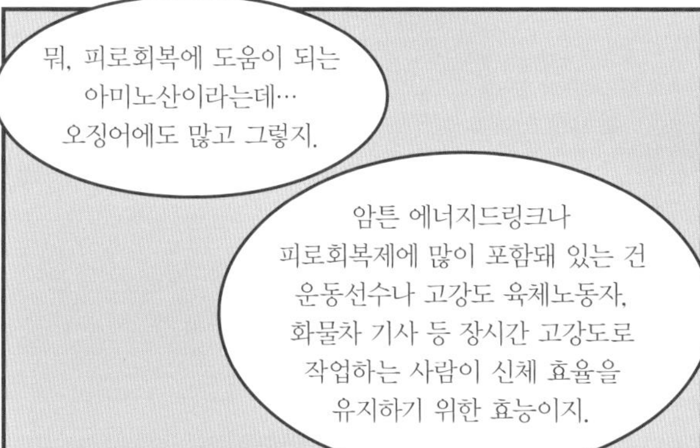
뭐, 피로회복에 도움이 되는
아미노산이라는데…
오징어에도 많고 그렇지.
암튼 에너지드링크나
피로회복제에 많이 포함돼 있는 건
운동선수나 고강도 육체노동자,
화물차 기사 등 장시간 고강도로
작업하는 사람이 신체 효율을
유지하기 위한 효능이지.

하지만 이건
우리같이…

짧고 굵게 하룻밤 달려서
낼 아침 시험만 딱 보고 자러 갈
사람들에게는 별 관련 없는
요소라고 할 수 있다!
그렇군…

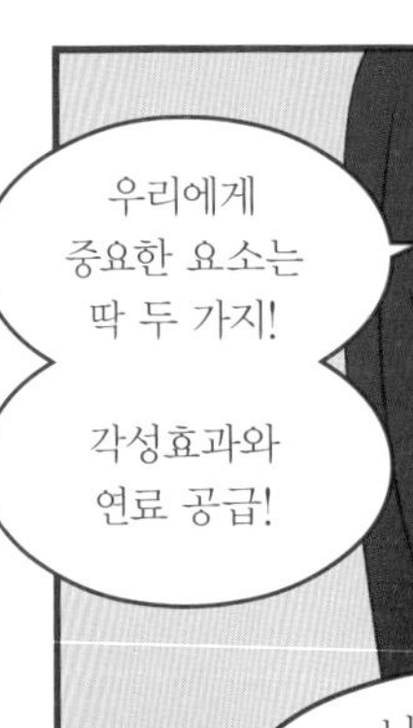
우리에게 중요한 요소는 딱 두 가지!
각성효과와 연료 공급!
뇌를 깨어 있게 하는 각성효과는 앞서 말한 카페인.
그리고 그 뇌가 계속 가동되기 위해 필요한 연료!

음

우리 뇌는 엄청나게 복잡하고 섬세한 기관이라서, 쓰는 연료도 가장 분해가 쉽고 사용하기 좋은…
포도당! 포도당 한 가지만을 사용하지.
급할 때는 케톤 같은 것도 쓰지만서도.
따라서 포도당 자체를 함유하거나 빠르게 포도당으로 전환되는 이당류… 설탕, 엿당 같은 게 주로 사용되지.
그런 면에서 보자면 이 부분은 에너지드링크나 피로회복제 쪽이 커피보다 유리한 면이 있어.

각성 효과와 연료량…
그 둘의 미묘한 상관관계에 의해
밤샘의 효율이 결정되는 것이다.
…
심오하군.
흠… 그래도 역시
카페인양이 모든 걸
결정하는 게 아닐까?
일단 이 세 병 모두
필요 카페인양은
넘은 것 같은데… 그럼 역시
포도당 함량을 봐야 하나?

카페인양과
포도당의 상관관계,
그리고 비타민 같은
다른 유효성분들의 시너지 효과가
존재할 가능성이 있다….

저기…
응?
…내가 말했지,
그 일반커피로는
어림 반 푼어치도…!
아니…

이건 어디까지나
제 생각인데요…

두 잔 마시면
카페인도 당분도
두 배 되는 거 아닌가요?

!!

둥

…와 굉장하네
어떻게 그런 생각을!!
천재다!!
아니 정말
혁신적이다!!
그런 방법이
있었네!!
똑똑해!!
굉장해!!
자기들이
바보가 되지 않기 위해
날 천재로 치켜세우는
방법을 선택했군….

사실 진짜 졸리면 에너지드링크고 나발이고
아무 소용 없습니다.

리빙 포인트:
평소에 좀 열심히 해놓으면 밤을 새지 않아도 된다.

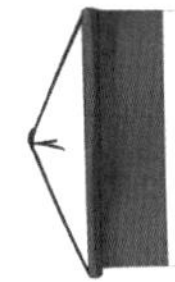

유사과학 탐구영역

4. 만성피로와 산성체질

이 만화는 특정 기업이나 상품을 특정하여 서술하거나 묘사하지 않습니다.

후아아암—

으… 어제 밤늦게까지 과제에 레포트…
졸리다… 잠을 자도 잔 것 같지가 않네.

…
…음?

저 영감은 분명…
아니! 자네…

딱 봐도 피곤해 보이는군…
잠을 자도 다음날 피로가 제대로 풀리지도 않고 아마 만성적인 피로, 무력감에 시달리고 있는 것 아닌가?

헉
마… 맞는데요.
어찌 그렇게
잘 아시나요?
보면 알지.
그게 다 체질이
서서히 산성화
되어가기 때문이라네.
산성화!

그 말은 곧…
몸이 산성이
된다는?
그렇지!

자네도 알고 있을지
모르겠지만 원래 우리 몸은
알칼리성이지…

그러나 근래 들어 점차 식생활이
서구화되고 육식 위주의
산성식품 중심이 되면서 점차
우리 몸은 산성이 되고

그 결과 만성적인 피로,
아토피성 피부염, 그 외 다양한
괴질 같은 증상에
시달리게 된 거라네.

반면 우리 선조들은
예부터 건강한 알칼리식품인
채식 위주의 식단과 고추장·된장 같
은 발효식품, 슬로푸드를 중심으로
한 식생활 덕분에
알칼리성의 건강한 체질을
가질 수 있었지.

오오…

그런 셈이지,
그렇지만 현대인이 갑자기
식생활을 바꾸기는
힘이 드는 일.
식단이
문제인
거군요!
끄덕
바로 이
건강식품 보조제가
도움이 될 수 있을 걸세.
그래서…
이런 걸 사서
들고 다니신다?
…
…
왜…
우리 몸은 원래
알칼리성인데…
알칼리성으로
유지해주는 그런
보소식품이라던데.

…
…
…그래,
니 말이 맞다.
그, 그치?
우리 몸이 약알칼리성을
유지하는 건 사실이지.
그게 무너지면…
몸 컨디션에
문제가…
뒤져.
…?
우리 몸의
모든 기능성 분자가
딱 그 pH(산성도)에서만
제대로 돌아가는데 그게
무너진다고 해보자고.
…응?
지금 뭐라고…
뒤진다고. 몸이 산성이
되면 컨디션이고 자시고
어떻게 할 거 없이
바로 사망이라니까.

순식간에 우리 몸의 조절기능은 박살나고 전기신호 교란을 시작으로 호흡기능, 순환기능이 차례로 정지하면서 바로 의식을 잃고 혼수상태, 사망으로 이어지겠지.
그… 그럼 큰일 아님?

당연히 그만큼 산-염기 균형은 중대한 일이지!!

그래서 우리 몸은 그런 일이 일어날까봐 크게 네 가지에 걸친 완충 및 조절작용으로 몸의 산성도가 절대 출렁이지 못하게 관리하고 있다고!

완충?
그래! 쇼바* 말하는 거여!

*완충기(쇼크업소버, Shock Absorber): 충격을 흡수하고 스프링이 출렁이는 것도 감쇄시켜주고… 뭐 그런 부품인데 아무튼 그걸 일본식으로 줄여 부르는 말이 쇼바입니다. 바른말 고운말을 쓰도록 노력해야겠습니다.

혈액 속의 중탄산이온,
폐에서의 이산화탄소 배출,
신장의 탄산 재흡수 및 배출,
완충아미노산 등…
그런 완충작용 덕분에
어지간한 화학적 변화가 생겨도
결과적으로 우리 몸의 산성도는
변하지 않지.
그 정도로 철저하게
관리되는 몸의 산-염기 균형이
겨우 뭐 먹는 거 바뀐다고
달라지고 그러진
않는다고.
아무튼 그 정도로 엄중하게
관리되기 때문에 어지간히 큰일이
일어나지 않는 이상 우리 몸의 산성도가
변하는 일은 없다고!
그놈의 체질
산성화 이야기가 언제 적에
끝난 얘긴데 아직도 그런 거에
홀리고 그러냐?
…
야, 그리고 서구화된 식단이 뭐…?
그럼 맨날 서구화 그 자체인 식생활을 하는
유럽 미국 사람들은 전부 산성 체액
뱉고 다니는 에일리언이나 뭐 그런 거냐?
으음…

아니, 자네는
아침에…
그래, 효과는
좀 봤나?
효과는 무슨,
망신만 톡톡히
당했네요!
우리 몸에는 무슨…
그 완충기작인가 하는 게 있어서
몸의 산성 알칼리가 안 바뀌게
중간에서 막아준답디다!
너무 산성화 한 패턴으로
오랫동안 울궈먹은 건가…
과학이랑 담 쌓은 것처럼
보이는 일반인까지
항상성 운운하다니.
그래서 절대
몸의 산성도가 바뀌는 일도 없고
그런 산성화 어쩌고 하는 것도
다 새빨간 거짓말이라는데요!
흐음…
뭐 상관없어. 어차피
자세히 알고 있는 것도
아닐 테니 홀리는 방법은
얼마든지 있지.
그래…
완충작용에 의해
인체의 산-염기는 쉽게 바뀌지
않는다는 말이지?
…엇?
완충작용에
대해 알고 계시는
거예요?
알다마다.
약을 파는 일을
하고 있는데.

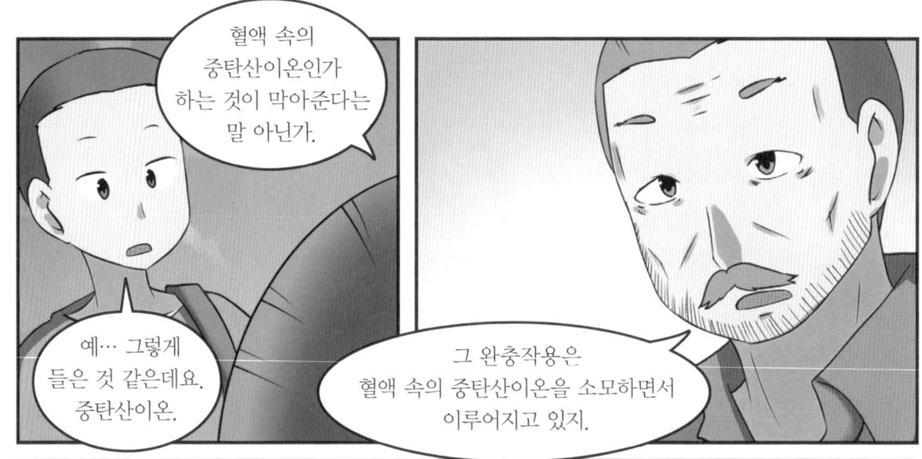
혈액 속의
중탄산이온인가
하는 것이 막아준다는
말 아닌가.
예… 그렇게
들은 것 같은데요.
중탄산이온.
그 완충작용은
혈액 속의 중탄산이온을 소모하면서
이루어지고 있지.

그런데 만약
그 중탄산이온이
전부 소모되어
버린다면?
…헉?

그… 그럼
산성화가…

그렇지! 설령 완충작용이
일어난다 해도 계속해서
우리 몸의 완충이온이 소모된다는
점에는 변함이 없네!
직접 산성이 되지는 않더라도
점차 그걸 완화할 힘이 없어지고
그게 곧 컨디션 저하로
이어지는 것이지!

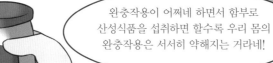

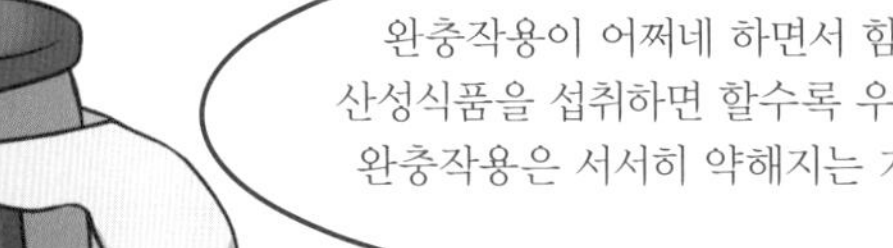
완충작용이 어쩌네 하면서 함부로
산성식품을 섭취하면 할수록 우리 몸의
완충작용은 서서히 약해지는 거라네!
식생활을 바로 바꿀 수 없다면
이게 도움이 되겠지!

이건…?
완충이온을
보충해주는
알칼리이온
보충제라네.
중탄산나트륨…?
그렇다네!
중탄산나트륨은
물에 녹아서
나트륨 이온과
중탄산이온이 되어
우리 몸의 완충이온을
다시 채워주지!
중탄산나트륨은
베이킹소다라고도 하는데…
자네도 이게 요즘 엄청 핫한
좋은 물질인 건 알지?
이게 막 청소도 잘되고…
뿐만 아니라 중탄산이온
보충작용 때문에 직접 섭취를
권장하는 헬스 트레이너들도
있을 정도지.
그렇군요!
그래서…
뭐가
더 늘었네?
그게 알칼리,
완충이온 보충용
보조제래!!

탄산수소나트륨이 용해될 때 중탄산이온이 생성되잖아! 그게 완충이온 보충을 도와준대!
…그러냐. 일단 물어보겠는데
니 그 배 속에는 뭐가 들어 있냐?
뱃속에?
그야 담대한 뱃심과 원대한 야망, 그리고…
이게 뒤질라고 진짜…
…소화기관?
그래, 소화기관.
그중에서도 입에서 내려가면 바로 마주치는 위.
여기엔 살균과 단백질 소화를 목적으로 강력한 산성의 염산이 잔뜩 분비되어서 강산성을 띠고 있지.
근데 거기 탄산수소나트륨이 들어가면 그걸 잘도 가만히 놔두겠다.
물, 이산화탄소, 염화나트륨… 그러니까 소금으로 변해버리지.
$HCl + NaCHO_3$
$\rightarrow \underset{소금}{\underline{NaCl}} + H_2O + CO_2$
헉…

대신에 위산 과다시 제산제로 탄산수소나트륨을 이용하는 경우는 있음. 노루X산 같은 것.

당연하지!

그럼 이건 무용지물인가…

…!!

근데 진짜 그럼 완충이온 다 쓰면 어떻게 하냐…?

걱정도 팔자다 진짜.

그, 그래?

특히 니가 얘기하는 중탄산이온이란 건 괜히 만들어서 쓰는 게 아니라

호흡시에 발생하는 이산화탄소에서 자연스럽게 생기는 거라고.

숨을 쉬세요, 숨을.

그렇구나…
페랑 콩팥에서
일부러 갖다 버리는 거에서
남겨서 쓰는 것뿐이야.
모자라면 덜 버리고 탄산이
많이 발생하면 더 버리고.
그게 문제가 생긴다는 건
폐나 콩팥이 아주
맛이 갔다는 소리니까 뭔 체질이니
컨디션이니 완충이온이니 하는
문제가 아니라는 거지.
뭐… 산성체질이니
완충이온 보충이니 하는 게
쓸데없는 걱정이라는 건 알았어.
알겠는데…
근데 진짜 이 종종
힘 죽— 빠지는 무력감 같은 거나
잠을 자도 안 풀리는 이 만성적인 피로는
왜 그런 거지?
얘가 무슨 소리를
하는 거야. 현대인들에게는
그게 정상인 상태야.
그래!
…만성적으로 피곤한 상태가
정상이라고?

학생들을 볼 것 같으면
요즘엔 초등학생, 중학생도 학원 갔다가
밤 아홉 시 열 시, 고등학생 정도 되면
새벽 한 시 두 시도 우습고 다음날
일곱 시만 되면 부리나케 일어나서
나가야 되지.
그래도 차라리 학생은 낫지.
직장인쯤 되면 여가시간 반납하고
무거운 업무량에 여차하면 잔업,
야근, 그리고 그게 없으면 회식에 술자리.
솔직히 현대인이 하루에
휴식에 쏟을 수 있는 시간이
얼마나 되냐?
그리고 그런 스케줄을
소화하지 못하면
도태돼서 낙오되는
경쟁적인 환경…
그런 환경에서
몸이 멀쩡하면
그게 비정상이겠지!
……
그건 좀 위험한 발언 아님?

인류의 노동량 과부하는 농업과 문명 시작의 그 순간과 함께 시작되었다.

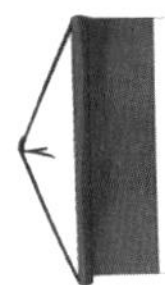

유사과학 탐구영역

5. 곡물가루 생식

이 만화는 특정 기업이나 상품을 특정하여 서술하거나 묘사하지 않습니다.

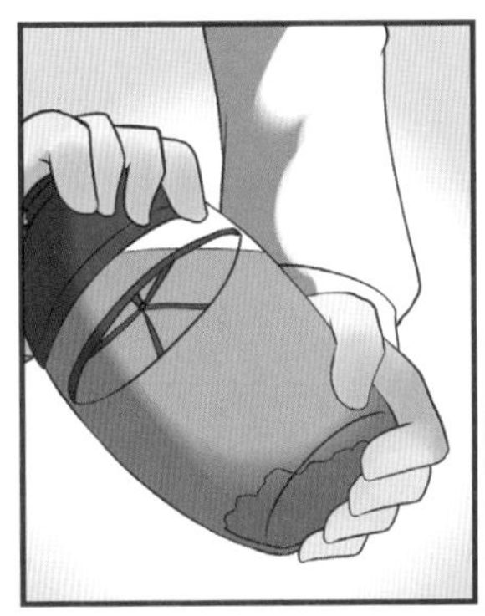

샤카샤카

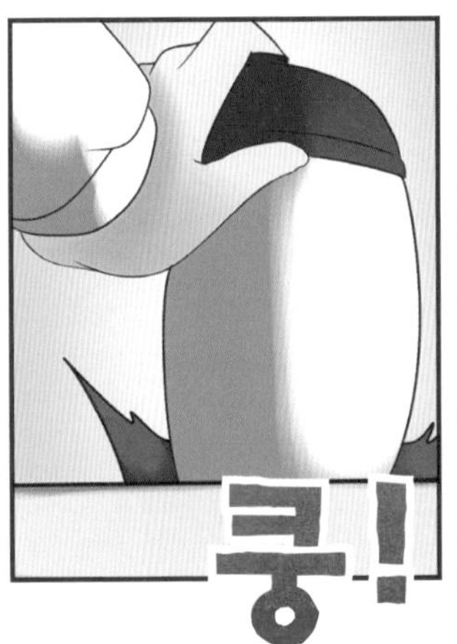

쿵!

꿀꺽 꿀꺽
그게 미숫가루였구나.
난 무슨 바텐더 나셨나 했네.
점심이에요.

그거 하나 마시고
점심이 되나?

그럼요.

미숫가루
한 통으로
점심이라…

엄밀히 말해서
이건 미숫가루가
아니에요.

미숫가루가 아냐?

미숫가루는 곡물을
한 번 볶아서 가루를
낸 거잖아요?

이건 생 곡물을 말려서
가루를 낸 거거든요!
불이 닿지 않았죠!
피가 깨끗해진다구요!

현대인은
풍족한 식생활을 즐기고 있지만
먹기 쉽게 불로 조리한 음식을
주로 먹기 때문에
서서히 피가 걸쭉해지고
노폐물이 쌓이게 되면서
몸에 안 좋은 영향을 끼치죠.
그런데 이런
불을 이용한 조리법은
사실 자연계에서 보면
부자연스러운 방식이죠.
반면 이건
자연 그대로의 생식!
불이 닿지 않기 때문에
자연상태의 영양소가
전혀 파괴되지 않지요!
!!
아이고
힘들다…
자연계의 모든 생물이
이렇게 축복받은 생식을
하고 있는데, 오직 인간만이
불을 이용해 영양소를
파괴하고 있거든요!

…

거기다가
채소나 곡류가 아닌
육식 위주의
건강하지 못한 식단…

비인간적으로
좁은 곳에 밀집되어서
건강하지 못한 상태로 사육된
건강하지 못한 식품.

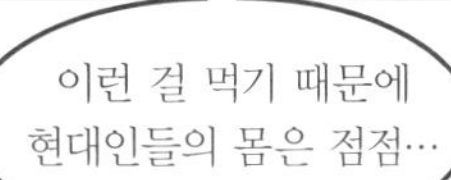

이런 걸 먹기 때문에
현대인들의 몸은 점점…

…

…

아! 언제 오셨어요?
안녕하세요.
…
으응.

아무튼 인간만이 그렇게 자연의 섭리에 어긋나는 일을 하고 있는데 이건 큰일인 거라구요.
…

음… 뭔가 한바탕할 분위기로군.

뭐, 맞아.
?!

오로지 인간만이… 그런 부자연적인 방법으로 식품을 생산하지.
그쵸?

야, 너 이런 이야기 싫어하는 거 아니었어?
자연적으로는 절대로 일어날 수 없는 부자연스러운 형태…
오직 상품이 되는 생물만을 몰아서 생산하다보니 다른 생물과의 공생관계를 무시하고,
자연적으로 같이 생태계를 구축해야 되는 다른 생물들은 모조리 죽이거나 쫓아버리지!

그리고 효율만을
중시하여 좁은 곳에 빽빽하게
몰아넣고 잔뜩 생산하는
비인간적인
공장식 생산방식!

게다가 생산성 증가를
위한 품종개량이라는 명분하에
벌어지는 끔찍한 유전자선택과
그로 인해 생겨난 인위적인
끔찍한 생물들!!

자연에서
완전히 벗어난 인간만의
인위적인 산물이라고
할 수 있겠지!

역시…

?
…예?

농사! 니 그 찬양해 마지않는 곡류랑 채소 기르는 그거 말하는 거라고!

뭐? 자연에 존재하지 않는 방법으로 기르는 공장식 축산?
반면 자연 그대로의 자연스러운 농법?

좁은 곳에 소나 닭을 겹겹이 쌓아놓고 기르는 게 끔찍하다고 하면서

이런 건 조화롭고 평화로운 농촌 풍경이라고 하는데

세상천지에 어떤 식물도 다른 식물은 하나도 섞이지 않은 채로 단 한 종류의 식물만이 이렇게 '비좁은 곳'에 '빽빽이' '공장식으로' 자라지 않지.

응당 같이 자라야 할 다른 식물들은 '잡초'라면서 모조리 뽑아 죽이고 말아.

거기에 유기농 퇴비가 되었든 화학비료가 되었든 자연에 원래 존재하지 않는 막대한 양의 영양분을 공급하지.

그건…
게다가 거기서
자라는 건 어떤가? 그게 과연
자연에 존재하던 식물인가?
본래 야생의 벼는
그다지 많은 씨앗을 맺지 않지.
씨앗에 그렇게 많은 녹말을
저장하지도 않고 말야.
그렇지만 인류는
비정상적으로 많은 녹말을 저장하고,
많은 씨앗을 맺는 유전자만을
남기기 위해
자연에서는 절대
일어나지 않을 수백 세대에 걸친
인위적인 교잡 끝에
지금의 벼같이
'인간에게 유리하게' 변형된
식물을 창조하고야 말았다.
비정상적으로
많은 씨앗이 달린 이삭에
비정상적으로 많은 녹말이
축적되어 있지.
다른 상품작물들도
마찬가지… 이렇게 개량된
식물들은 이제
절대 야생에서는 살아남을 수
없게 되어버렸어.

조류독감
한번 돌면
한 사육장이
모조리 끝장나는
것처럼

축산이나 농업이나 똑같은
상업논리에 의해 발전해왔다고.

본래 곡류는
그냥 먹었을 때 소화되는 시간도
오래 걸리는 데다가 그렇게
어렵게 소화를 시켜도 흡수되는
에너지의 양이
많지 않았지.

아니 땅바닥에
꽂으라고
들고 있지 말고

하지만 일단
불을 이용해 조리하게 되면
소화에 드는 시간도 줄고
흡수되는 양도 많아져
결과적으로 많은 에너지를
얻을 수 있게 된다구.

그래서 어느 정도
문명화가 시작된 원시
유적을 보면 항상 조리도구인
그릇과 항아리들이
함께 발견되는 거야.

그렇게 소화에 들어가는
에너지가 절약되는 만큼
남는 에너지를 뇌가 사용할 수 있게
되었고, 그 결과 인간은 이전처럼
닥치는 대로 먹을거리를 섭취하는 게
아니라 보다 질이 높은 먹을거리를
찾으러 다닐 수 있게 되었고,
그렇게 얻은 에너지가 다시
뇌에 공급되면서 서서히 인간은
지능에 눈을 뜨게 된 거지.

불로 녹말을 가공해
많은 탄수화물을 이용할 수 있었고
생선이나 고기, 우유 등의 단백질은
젓갈이나 치즈 같은 형태로 발효시켜
아미노산으로 분해해서 섭취해
더 효율적으로 많은 영양소를
손에 넣었지.

그게 여의치 않은 곳에선
콩 같은 식물성 단백질을 간장,
된장 등으로 발효시켜 아미노산을 섭취했고.
이렇게 불을 써서 인류는 막대한 양의
영양소를 섭취할 수 있게 되었고, 그 결과
이렇게 문명을 세우는 게 가능했는데
불을 써서 영양소 파괴가 어째?

하지만 생식에는
다이어트 효과가 있고…
불을 써서 파괴되는
비타민도 보존되고…
다이어트 효과?
그야 있겠지!

아까 말한 대로
불을 써서 조리하는 건 흡수율을
올리기 위한 거니까,
당연히 조리가 되지 않은
날것인 곡식 가루가 흡수가
잘 되지 않는 건 당연한 말이지.

지금과 같은 포식,
과잉섭취의 시대에서 포만감을
주면서 흡수를 낮춰서, 그만큼
칼로리를 억제하면서 과잉섭취를
막는 다이어트 효과.
그것까지
부정하려는 건 아니야.
오히려 효과적이지.

다이어트 요법으로는 훌륭하다 할 수 있다.

비타민B_1은 도정하지 않은 곡류의 씨눈에 풍부하므로 이것을 섭취할 경우에는 도움이 된다. 돼지고기, 콩에도 풍부하게 함유되어 있다.

…그래, 있지.
과학으로 설명할 수 없는
그 무언가가 분명
있기는 있어.

역사적으로
유명했던 한 인물이
그걸 '마구니'라고 했다.
마구니가 아주
가득 들어찼다고 말이야.
?
예…?
?!

?
그분의
처방에 따르면
마구니를
몰아내는 건…

궁예 폭정 초반에
철퇴가 애용되다가
이후 쇠를 깎아 만든
쇠몽둥이로 바뀐다.

법봉.
?!
절그럭

법봉으로
마구니를
때려 죽여야 한다고
하셨다.
?!
야, 잠깐!!

네가 좋아하는
전통적인 방법이다.
우리민족 고유의
정서지.
이방원이도 선죽교에서
이걸로 사람 잡았다 그러던데.

야 임마,
기다려!!

이 틈에
빨리 도망쳐!!

이거
안 놔!!

말리지 마!! 야, 꼭 인간들만
이렇게 인위적으로 막 말리고
그러드라고?! 자연계에서는 이렇게
사달이 나면 절대 안 말려요!

너이 어?!
인위적인 문명사회에
사는 걸 다행으로
여기라고?!

P.S. 역사적으루 유명했던 그 인물 궁예(재위 901~918년)
"내군은 무엇하느냐? 저 마구니를 법봉으로 때려 죽여라."

고혜람

한티대학교 생물교육과 2학년, 어엿한 주인공

"과학의 이름 뒤에 숨어서 장사나 하려드는 부류를 근절하기 위해 과학교육과에 들어왔다."

주변에서 흔히 보이는 '유사과학'에 대해 조목조목 근거를 들어 분석하는 캐릭터가 바로 주인공인 '고혜람'입니다. 캐릭터가 쉽게 흥분하고 화를 내기 때문에 '고혈압'을 적당히 변형한 이름을 지었습니다. 흥분하면 사투리가 튀어나오는 버릇이 있습니다. 만화에서 고혜람을 화나게 하는 유사과학을 소개하다보니 본의 아니게 캐릭터가 거칠고 폭력적으로 변한 게 있습니다. 너그러운 마음으로 이해해주세요.

이원솔

한티대학교 컴퓨터공학과 2학년, 그냥 엑스트라(와… 취급 봐라…)

"아니 분명 뉴스에서도
효과가 있다고 그랬단 말야!"

고혜람을 화나게 만드는 첫 번째 등장인물 '이원솔'입니다. 주인공과 자주 같이 다니지만, 귀가 얇은 편이라서 늘 유사과학적 상술에 속고는 합니다. 고혜람이 화가 너무 많이 나서 제정신을 차리지 못할 때마다, 적절히 저지해주는 '억제기' 역할을 맡고 있습니다. 만화책 후반으로 갈수록 등장 비중이 적어져서 그냥 엑스트라로 취급 받게 된 불쌍한 캐릭터입니다. 이야기 속에서 그때그때 양념으로 등장합니다.

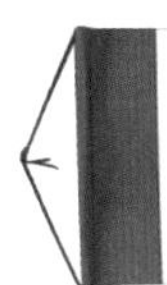

유사과학 탐구영역

6. 파워스톤

이 만화는 특정 기업이나 상품을 특정하여 서술하거나 묘사하지 않습니다.

가을맞이 동네 바자회

동네 가을 바자회라…
와~

온 동네 집구석에서 잠들어 있던 잡동사니들이 죄다 나왔구만.
뭔가 엄청 많이 팔고 있네!

…음?
?
이게 뭐니 대체,
얼마 만에 보는 겨.
…!
이 목걸이를
눈치채셨군!
보는 눈이
있으신데!
이건 보통 진주목걸이가
아니여!
혈액순환을 좋게 해주는
건강 목걸이지!
혈액순환?
그 비결은 바로 자석!
자석…?

이건 자석이 내부에 함입된 진주로 만든 목걸이거든! 우리 몸도 약한 자기장을 띠고 있는 것 아시지? 피에 들어 있는 적혈구도 다 철! 자기장을 띠고 있다는 거요!
이 목걸이는 자석으로 생체자기장을 활성화시켜서 혈액순환을 좋게 해준다~ 이 말이요!
오오…
뭐가 '오오…'여 이 화상아!
억
생각을 좀 해봐라.
적혈구 속에 철이 있다 그래서 그게 자석에 끌리겠냐!
아니 그래, 백 보 양보해서 설령 끌린다고 치자! 그러면 자석 목걸이를 차고 있으면 그게 죄다 거기 쏠릴 텐데 그럼 그게 혈액순환이냐 혈액정체냐?!
음…

애당초 이온화된 철이
자석에 끌릴 일도 없거니와!
그리고 그놈의
맨날 같은 레퍼토리,
생체자기장! 생체자기장은
체내 활동의 결과지
원인이 아녀!

게다가 거기 자석을 갖다 댄다고
웬 생체자기장 활성이래?
자기장에 자석 갖다 대면
생체자기장 교란이겠지!

그렇게 자석 좋으면
너 맨날 들고 다니는 폰이나
이어폰도 자석인데 뭘 그걸 또
돈을 주고 자석 목걸이를 사냐?

너같이 그냥
건강에 좋다 그러면…

이것 좀
보세요~

앞뒤 안 가리고 그냥
냅다 사주는 사람들이
저런 엉터리 건강제품들을
먹여 살려주고 있는

거잖아아아아아아아아ㅏㅏㄱ악ㄱ
진짜!!! 환장하겠네!!

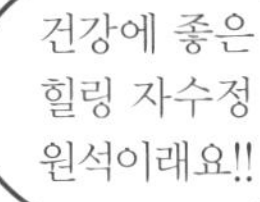

자수정 원석!
이게 건강에
엄청나게 좋다
그러던데요!
시비 걸려고
일부러 사온 거냐?
자수정은
성질이 따뜻하고
정신을 안정시키는
효능이 있으며…
…
폐를 좋게 하고
소갈을 멈추게 하는
효과가 있다고 그런다구요!
21세기에 무슨
보석의 효능 같은
전근대적인 소리를…
그 파동을
가장 잘 활용하는
방법은 물속에
원석을 담가두면!
물속에 충분한 미네랄이
우러나고 또 자수정 파동을 흡수한
물의 분자 결정이 육각형인
육각수가 되어서 놀라운 효능을
발휘한다구요!
무슨 파동 같은 게
나온다고 그런다구요!
그게 생명의 에너지래요!

이 녀석의 장점이 뭐냐,
반응성이 거의 없기 때문에
다양한 화학약품을 저장하는
용도 같은 걸로도 쓰이는데(유리병)

이게 그냥 물에만 담가놔도
우러나면 염산이나 황산 같은 걸
보관하는 게 가능이나 하겠니?

게다가 백 보 양보해서
우러났다 치자. 그럼 어차피 규소인데
그건 우리 몸에 필요없는 원소지.
네가 얘기하는 미네랄이랑은
전혀 상관없는 거라고.

…
게다가 파동? 생명 에너지?
야, 멀쩡한 돌에서 뭔 에너지가
저절로 나오면 그건 딱 하나 있는데
방사선이여, 방사선.
방사능이다 이거여.

그럼 그 사람들이 전부
새빨간 거짓말을 했다는
말이세요?!

그래.

…

그렇구나!

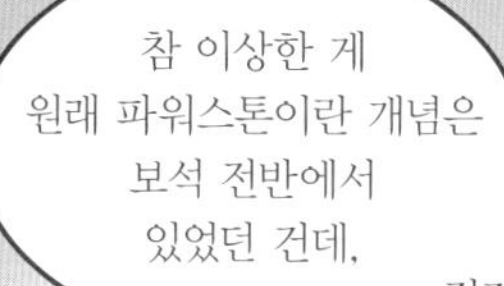
참 이상한 게
원래 파워스톤이란 개념은
보석 전반에서
있었던 건데,
정작 비싼 보석들은
건강상품으론
안 건드리거든.
기본적으로
경도 7 이상인 투명한
결정을 보석이라고 치는
분위기이기는 하지만
진주나 오팔처럼 훨씬 무르거나
유기물에게서 생성되는 비결정질인 것도
보석으로 치는 걸 보면 역시 희귀성이
중요한 척도인데, 수정… 수정을 이루는
규소의 양은 지각을 이루는 원소 중
산소 다음으로 많거든.

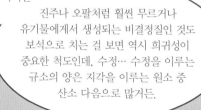

…수정은 보석
아니에요?
음…
그러다 보니
워낙 흔해서
보석으로서의 가치가
거의 없어서 보석으로
잘 안 쳐줘.

그나마 자수정이
색이 예뻐서 보석으로
쳐주기는 하는데
그것도 엄청 싸거든. 엄청 투명하고
예쁜 거 아닌 이런 그냥 자수정 원석은
이렇게 한 바가지에 만 원 좀 넘지.
큰 건물 가면 종종 있는
바위 쪼갠 거 안에 자수정 자라 있는 거 알지?
그것도 수십만 원 내외로 구할 수 있어.
그게 루비나 에메랄드라면
얼마 정도 할까?
수정이 오죽 흔했으면
유리가 아직 비싸던 시절에는
안경도 수정 깎아 만든 게
유리안경보다 쌌다고
했을 정도니까…

근데 왜
수정구를
쓰시죠?
싸서.
…

암튼 간에 유독
이런 준보석이나 흔한 게르마늄이나
뭐 클로렐라니 하는 것들.
그런 것들이 꼭
'건강'상품의
표적이 되거든.

왜냐, 기본적으로
그다지 비싸지 않으니까
건강이라는 이미지를 덧입히면
그만큼 더 비싸게 파는 게
가능하기 때문이야.
…!
다이아몬드나 루비,
에메랄드니 하는 보석들은
원래부터가 엄청난 가치를
가지고 있지.

그래서 이런 보석들은
그 가치에 걸맞게 엄중한 관리,
유통이 이루어지고 또
가격도 국제 시세를 바탕으로
엄격하게 관리되는 경향이 있어.

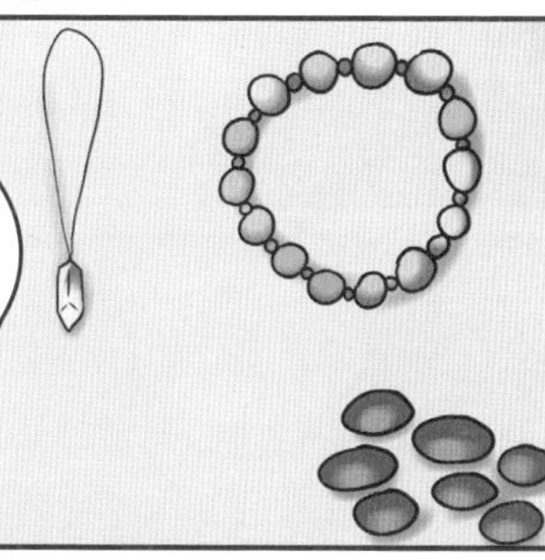

하지만 이런 준보석이나
게르마늄 자석, 자석에 진주광택
코팅 같은 걸 해놓은 것들은
그렇지가 않거든.

기본적으로 가격이
그리 높지 않기 때문에 이런 상품들엔
건강 이미지를 붙여서 이득을 취해도
구입하는 데는 별 어려움이 없는
가격대에서 놀 수 있기 때문에,

이런 식으로
손쉽게 가격을 끌어올려서
'건강 마케팅'의 상품으로
자주 이용되지.

본래 대체식량으로
개발되었다가 실패하자
건강식품으로 노선을 바꿔서
비싸게 팔려나가는
클로렐라 같은 것들이나

그냥 스티커에 지나지 않는데
'전자파 공포'의 이미지를 이용해
가격을 올리는 데 성공한
전자파 차단 스티커 같은
것들이이라고.

물론 더 좋은
가치를 지닌 물건이 더 높은 가격을
받는 건 당연하지. 하지만 검증되지
않았거나 가짜인 게
뻔한 거짓 가치를 얹어서

가격을 더 올려
팔아치우려 드는 건
문제가 있는 것 이냐?

…분명히
있다구요!
신비한 에너지가
나오는 돌이!
과학으로
설명되지 않는
힘이!
…그래, 있어!
없지는 않아!
파워스톤,
즉 에너지가 나오는
돌이 있긴 있어!

진짜 있어요?
…보여줄까?
예!

아까 들으니까
없는 게 없는
만물상이라 하셨죠.

그렇습니다.

플루토늄
있습니까?

원광입니까,
농축된 것
말입니까.

농축된 걸로!

자… 잠깐,
그건…

플루토늄… 이면
분명히 핵폭탄에
쓰이는…?

그래, 이것들아!
돌에서 나오는 에너지는
딱 하나밖에 없어!
그게 방사선이라고 하는 거지!
모든 방향으로 방사되는
전자기파 선(Ray)이니까 방사선!

불안정한 원소가
더 안정한 상태가 되면서
잉여 에너지를 방출하는 것!
그것이 방사능이다!

니들 말마따나
그렇게 저절로 에너지를
방출하는 것들을 방사성 물질이라
그러는 것이고!

그중
제일 굉장한 놈이
바로 이 플루토늄-239!!

그 플루토늄이 일정 이상의 질량으로 뭉치게 되면!!
엄청난 에너지가 방출되지!!

콰직
신비한 에너지 대방출이다아아아아아!!!

안녕하세요, 고혜람입니다!
만화에서야 저렇게 표현되었지만
사실 플루토늄 두 덩이 뭉쳐놓는다고
핵폭발이 일어나는 건 만화적
과장일 뿐이에요!
헉 헉
이렇게 그냥 두 덩이
냅다 뭉친다고 핵폭발
일어날 것 같으면 뭐하러 힘들게
핵탄두 설계 같은 걸 하고
그러겠습니까.
대신 이렇게
임계질량 이상의 플루토늄이
뭉치게 되면 빠른 핵반응이
일어나게 되는 건
사실입니다.
이 과정에서 엄청난 에너지가
열, 빛, 방사선 형태로 방출되죠!
따라서 여기에 노출되면
목숨을 잃거나…
방사능의 영향으로 진화해
선택받은 신인류인
슈퍼 뮤턴트가 되는 것이다!!
?!
흰소리
늘어놓는 인간
모조리 죽인다!!
으아아아아

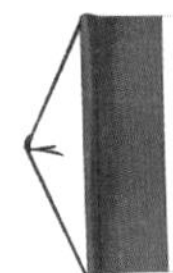

유사과학 탐구영역

7. 저지방 우유

이 만화는 특정 기업이나 상품을 특정하여 서술하거나 묘사하지 않습니다.

아이고
졸리다…

도서관에 박혀서
잠이나 잘까…

……?
주섬
주섬

오늘의
장사는…

이익…

댁은
저번의 그
잡상인!!
오, 이게 누구야.

그래 저번에 사간
전자파 차단 스티커는
잘 쓰고 있는가?
이익…

뭐… 아무튼 오늘도
여기서 잠깐 신세 좀
지도록 할 텐데
잘 부탁하네.

누구 맘대로!!

……?

그냥 멀쩡한 물건을 가져다 팔면 또 몰라!!
그 파는 물건이랑 장사법에 문제가 있다니까요!!

예를 들면 저번에 팔았던 이 화분이나 스티커!

이게 가진 가치는 그냥 화분, 스티커에 지나지 않는데…

여기에 사람들이 평소 막연히 두려워하는 것들에 대한 감정을 이용해서!

애초에 있지도 않거나 있다 해도 의미없을 정도의 미미한 효과밖에 없는 것을 효과가 있는 듯이 팔아치우는 것 말이죠!

흠…

정당한 가치에 정당한 가격을 부여하고 파는 거라면 아무 문제가 없죠!

하지만 거기에 실제론 있지도 않은

'건강', '기능성' 같은 의미를 부여해 없는 가치를 파는 건 사기 행각 아닌가요?

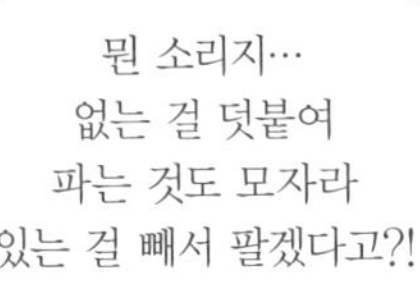
뭔 소리지…
없는 걸 덧붙여
파는 것도 모자라
있는 걸 빼서 팔겠다고?!

흠…

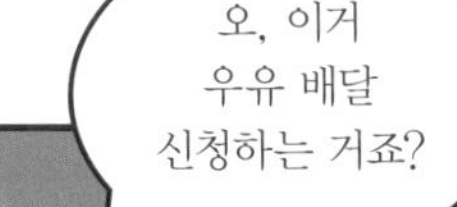
오, 이거
우유 배달
신청하는 거죠?

그렇습니다.
음…
근데 우유라…

그렇죠!
우유가 맛있지만 다소
부담스러우신 분들도 있죠!
그 이유는
바로 유지방!
엇… 맞아요!

우유에 포함되어 있는 지방!
지방이 바로 높은
칼로리의 주범이죠!

그 지방의 절반 이상을
제거했습니다.
그렇게 해서 탄생한 것이…

그럼 그게 탈지우유…
저지방 우유!!
저지방!!
우유의 4퍼센트 정도가 무려 유지방!
그 지방을 제거!
지방을 제거…!!

우유 속의 지방…
그래, 그게 크림이나
버터인데
원래 크림이나 버터를
분리하고 남은 우유를 버터밀크라
그래서 맛도 밍밍하고 서양에서는
비지 취급이라 싸게 팔리는
탈지우유인데…

그야말로 웰빙!!!!
우유라고 할 수 있죠!
이렇게
둔갑을
하는구나…
웰빙?

이 우유라면
부담이 덜하겠죠?
가격도 그냥 우유랑
똑같이 해드림!
그러네요!
놀라운 사실은
그렇게 버터를
빼낸 우유가
가격은 동일하거나
더 비싸기까지
하다는 것이다….
보통은 DHA니 칼슘 강화니
하는 명목을 덧붙인다.

그런데도 불티나게 나가는군….

더욱 굉장하다고 생각하는 건

그렇게 '제거'한 지방은 또 따로 팔어.

그리고 이건 방금 (여기서) 뽑아낸 신선한 버터!

토스트 할 때 쓰면 엄청 맛있지!

오오…

처음 한 달 동안은 서비스로 드릴게!

굉장하네요
진짜.
음?
그런 물건을
그런 식으로
다 팔아치우네.
후훗…
칭찬 아닌데.
버터랑 크림을 빼내고도
그 우유를 원래 값에.
그리고 그렇게 빼낸
버터랑 크림은 또 제값에.
이건 어떻게 봐도
손해 보고 사가는 것
아닌가요?
?
소비자들이
그런 식으로 느낀다면
그게 그렇게 팔려나가겠나?
그게 이해가
안 된다는 거죠.

간단해.
소비자의 입장에서
생각해보게.
우유는 빵이나
시리얼… 그런
식사에 곁들여 흔하게
소비되는 음료지.
하지만 현대인들은
만성적으로 칼로리,
체중, 비만… 그런 것들에
스트레스를 받고 있어.
하지만 여기서
'저지방 우유!'라는 게
등장하면?
최소한 그 우유는
그런 스트레스를 잊고 마실 수
있게 되는 거지.
면죄부라고나
할까.
하지만 어차피
우유 한 잔으로 소비되는
지방의 양이라고 해봤자…
그리고 저지방 우유에도
지방이 2퍼센트 이상
포함되어 있으니
큰 차이는 없잖아요?
유지방이 너무 제거되면
맛이 없어진다.
그래서 탈지우유를 다시 보통
우유와 섞어 맛을 조정한다.
…정말 다이어트나
칼로리를 생각하는
사람이면 맹물을 마셔야지?

실질적으로 다이어트 하거나
칼로리 제한을 할 생각은 없지만
어쨌든 칼로리에 대해
스트레스는 받고 있지.
따라서 버터와 크림이 제거된
나머지이긴 하지만 탈지우유…
아니, 저지방 우유는
최소한 그런 걱정은 잊고
마실 수 있게 해주는 거야.

…

단순히 지방을 제거한 게 아냐!
지방을 섭취하고 있다는
죄책감을 제거해준 거다!!

…아 뭐 물론 빼낸
지방은 당연히
팔아치워야지.
사실
이거 만들려고
빼내는 건데.
먹을 거 버리면
천벌 받는다?
…

그렇게 현대인들이 갖고 있는
죄책감을 덜어주는 나야말로
행복의 전도사~
버터와 크림을 빼낸 만큼
안도감과 행복을 채워두었다네~
그런
나야말로 현대의
면죄부 판매인~

부르릉~

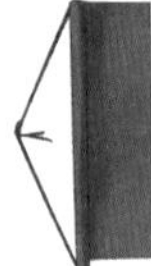

유사과학 탐구영역

8. 수소수와 자화수

이 만화는 특정 기업이나 상품을 특정하여 서술하거나 묘사하지 않습니다.

내 이름은
박하선

환경과학 연구실에서
일하는… 속칭
랩순이다.

집에 갈 시간은 없고 가끔씩
비는 시간에는 학부생 시절
쓰던 동아리방에 앉아
쉬는 게 유일한 낙이다.

…그런데
이게 무엇이다냐?

수소수에…
자화수…?

이건 대체…
아니, 언니!
엄청 오랜만이네요!
마침 수소수를
갖고 계시는군요!!
…그렇군.
네가 갖다 놓은
거였냐?
네!
난 또 무슨
실험용 시료인 줄
알았네.
현대인에게 필수품!
같은 물을 마셔도
더 건강하게!
이 수소수의
원리는…
후오오오오오오

후아아아아 –
너 또 무슨
건강이 어쩌고
흰소리 할 거잖아?
…뭐 하세요?
듣고 속 터지기 전에
미리 마음의 준비를
해두려고 그런다!!
이건 요즘
엄청나게 핫한 건데요?
이건 수소를 강화한
수소수라는 건데…
현대인들 만성질환이나
암 같은 거 전부 원인이
밝혀졌대요!!
그 원인이 활성산소라
그러더라구요!
퐁당
…
명경지수와
같은 마음…

이 활성산소가
세포도 박살내고
돌연변이도 유발하고!
퐁당
퐁당
퐁당
하지만
이 수소수를 마시면!!
물속에
들어 있는 수소가
활성산소랑 반응해서
수소 + 산소 = 물!!
첨
벙
전부 중화하는
항산화 반응을 한대요!!
그러니 비싼 약 같은
화학물질 먹는 게 아니라
이 물만 마셔도 만병을
예방할 수 있다는 거죠!
…
…그러고 보니
수소수 말고
또 있는 것 같았는데?

자화수…
자화육각수?!!
아!
자화수 아시는구나!
설명해드릴게요!
뭐가 또
튀어나왔다…
물 분자도
모양이 있다는 거 아시죠?
그중 예쁜 모양…
육각형으로 물 분자가
배열된 상태가 육각수인데!
낮은 온도에서 자연스럽게
육각수가 되기도 하지만
이건 강력한 자기장을 이용해
강제적으로 육각형 구조를
만들었죠!
으아아!!
배를 버려라!!
풍덩 풍덩
이 육각형 구조의 육각수는
단백질이나 지방의 고리구조와
닮았기 때문에 우리 몸에
무리도 주지 않고
아주 좋다는 것!!

하이고…
아직도 뭐가 하나 더 남았네.
천사들의 불나팔마냥…
보자… 이건 또 뭐냐.
…응? 사이다…?
듣자 듣자 하니 아주 못하는 소리들이 없구만!!
…?
애비야 물이 달다
또 막 건강을 부르짖는 상품 얘기가 막 들려!!

그렇게 비싸고
좋은 물이 좋더냐?!
옜다!!
으갹!!
'애비야 생수'?
데굴…
애비야 생수
"물이 달다"
이건 그냥
비싸기만 한 물이잖아!
맞아요! 무슨…
그냥 얼음 녹인 물이잖아요!
수소수부터
한번 시작해볼까?
야, 니 배
속에 뭐 들었어.
야
담대한 뱃심과
위대한 야망…
그래 이놈들아.
근데 얘네는 차라리
정직하기라도 해.
물 좋은 마을에서
빙하 녹은 물로 만들어서
비싼 물입니다.
소화기관!
위!!
그래.

전에도 말했듯이
위 속은 염산 천지다.
염산은 강산이지.
우리가 소위 pH라고 하는
산성 측정정도는 안에 얼마나
많은 수소이온이 녹아 있느냐로
결정되는 거야.
…잠깐, 그런데 수소수도 수소
녹았으니 산성인데 넌 그렇게
산성 안 좋다고 부르짖던 애가
갑자기 왜 수소수 타령이냐?
어… 착한 산성?
이 씨…
아무튼 그냥 위 속에 들어가면
염산을 듬뿍 뒤집어써서
그 좋아하는 수소이온 잔뜩 보충인데,
그럼 굳이 수소수를 마시는
이유가 있냐?
어?
그러면…
물이 저절로 다
수소수 되는 건가요?
?
그럴 리가 있냐!!
그거 그대로 내려가면
소장이고 대장이고
다 녹아버리겠지!!
일단 위에서 산성으로 맞추고
다시 십이지장에서 탄산수소나트륨으로
모조리 중화하기 때문에 수소수고
나발이고 의미가 없어!!

그리고
자화수!!
육각수가 언제 적 육각수인데
그걸 다시 꺼내와서… 그래,
니 말대로 저온, 혹은 자기장으로
물 분자 클러스터를 잠시 동안
육각형으로 정렬했다고 치자.
…
근데 그걸 이렇게
물리적으로 흔들어서
분자를 재배열하거나?!
위 속에서
염산이랑 잔뜩
뒤섞이거나?!
그 냉수의 온도가
위에서 강제로 체온인
섭씨 36도까지
올라가버리거나?!
그래도 그게
육각수로
남아 있을까??
그… 그렇게
쉽게 구조가 깨질까?
분자 간 결합이 느슨해서
출렁거리는 게 액체지. 분자 간
결합구조가 유지되는 건 점성이
엄청나게 높거나 온도가 낮거나
아니면 상온에서는 액정 정도겠지.

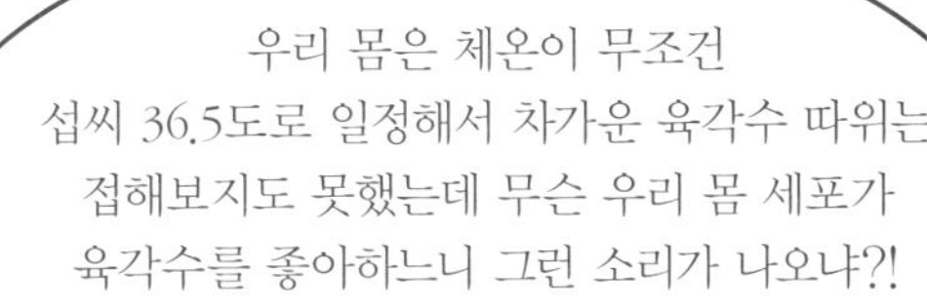
우리 몸은 체온이 무조건
섭씨 36.5도로 일정해서 차가운 육각수 따위는
접해보지도 못했는데 무슨 우리 몸 세포가
육각수를 좋아하느니 그런 소리가 나오냐?!

분명
TV에서…

상품!! 광고!!
물건 팔아먹는 상술!!
그런 거 2년 넘게 가는 거
본 적 있냐?
니 돈 쏙 빼먹고 나면
더 이상 볼일이 없기 때문이여!!
…

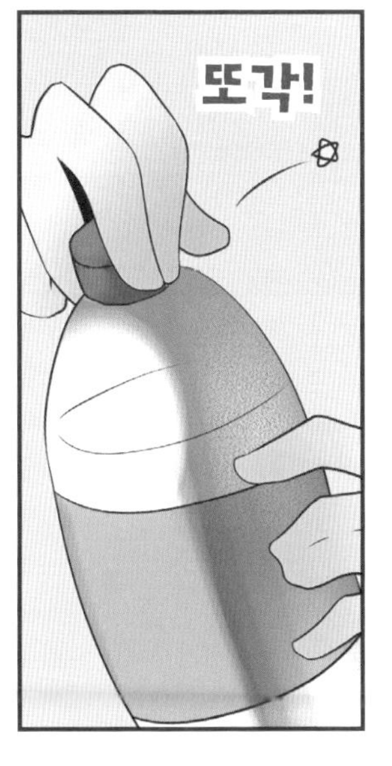
또각!

꿀꺽…

캬…

몇십 년째
같은 레퍼토리…!
수소수
자화수
육각수

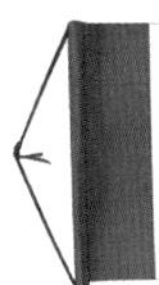

유사과학 탐구영역

9. 베이킹소다

이 만화는 특정 기업이나 상품을 특정하여 서술하거나 묘사하지 않습니다.

동네마트
그리고 또… 뭐 사야 되지?
비닐장갑도 샀고.
세제랑 물이랑 음료수랑…
실험실에서 쓸 물건들을 구해오는 것도 우리 일 중 하나다.
이런저런 일용품이나 비닐장갑 등등…

뭔가 실험실에서 쓰이는
물건들은 엄청 전문적이고
세련된 전용 물품이라는
이미지가 있었는데

어디든 사람 사는 데는
다 똑같은 것이다.
물론 대체 불가능한
실험실 전용 물품들도
있긴 하지만….
찬양하라
김씨와이프스

파라필름!
진짜 편하다

락스도
사가야 되는데…
이건 또 뭐야?

'천연소금으로 만들어
안전한 락스'…?
…천연?
아니, 결국 결과물은
똑같은 차아염소산나트륨 용액인데,
그게 천일염으로 만들건 죽염으로 만들건
정제염ㅇ 루 만들건
똑같은 것 아닌가….
…

으으…
전…
음료수나 사러 가 있을게요.
도망쳤군….
그건 요즘 새로 나온 상품인데, 천연소금을 사용한 제품이죠!
천연 재료를 사용했기 때문에 환경에도 오염을 주지 않고 안전하답니다!
아니 결국 뭘로 만들었든 간에 여기 들어 있는 건 락스, 차아염소산나트륨 아닙니까?
같은 화합물인데 출신이 다르면 인성도 다르다 뭐 이런 지역차별 조장적인 발언으로 받아들이면 되는 건가요?

천연 재료로 만들어서
안전하다 그러시는데
이 천연 재료로 만든
락스 마시면 죽어 살어?
장사가 소중해
목숨이 소중해
완전히 똑같은 독성인데
천연이란 단어로 퉁치는 건
너무한 상술 아닙니까?
…
어머나
TV에서…

아니 점원분이
여기 계셨네.
물건을
찾고 있수.
아…
뭘 찾고 계시죠?
요즘 베이킹소다로
별거 다 한다 그러던디…
휘말리기 전에
빠져나가자…
요즘 그 베이킹소다인가
하는 게 세척도 잘되고 완전히
마법의 세제라던데…
그렇죠~
…그러고 보니!
이 손님분께서
그런 걸 잘 아시는
모양입니다!
으억!!
이런 식으로
복수를 하다니…
어머 어머
학생 옷 보니
어디 실험실 같은 데
있는 모양이네…?
잘 알게
생겼어.
베이킹소다가
그렇게 좋다면서?

아니 뭐… 베이킹소다…
그러니까 탄산수소나트륨을
세제로 쓰는 것 말이죠?

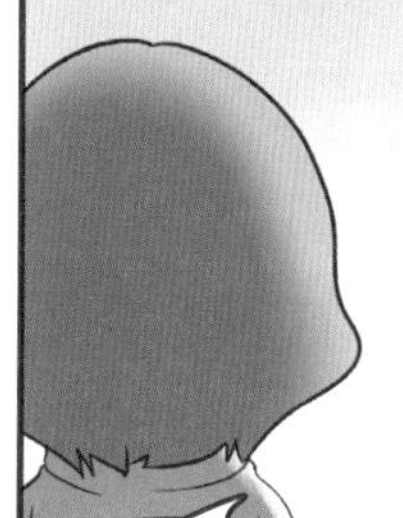
접시나 그런 거 씻으면
번쩍번쩍 광이 날
정도라고 하던데.

결정이 작고 고우니
연마작용이 있어서
효과가 있죠.
과일이나 야채를 먼저
소금으로 씻는 것도 같은
연마작용이구요.

군대 같은 데서 청소할 때
심심하면 쓰인다는 치약도
연마제가 들어 있어서
그렇게 쓰이는 거구요.

죽… 여줘…

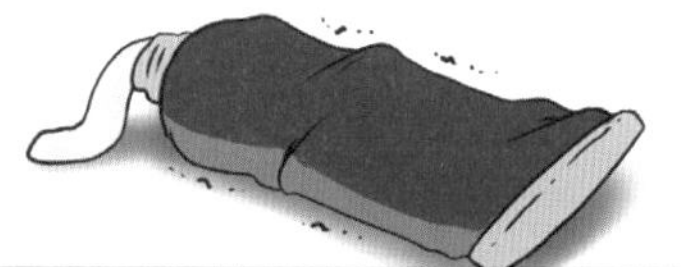

치약미씽한다고 그러죠.

음식이나 옷 같은 거
냄새도 기가 막히게
잡아준다고 그러더구먼?

염기성을 띠고 있고
결정 자체가 작고 고우니까…
신발이나 옷에서 땀 산화물 같은 것과
중화반응을 일으키고,
또 그 입자 자체가 냄새입자를
흡착해서 냄새를 잡는
탈취효과도 있죠.

그럼 그 정도면
마법의 세제네!
세제를 전부
베이킹소다로 통일해도
되지 않을까?
그건 좀…
어떨까요.
연마작용, 탈취작용엔
확실히 효과가 있지만…
그렇게나
효과가 있는데도?
천연 소재인데…
일단 세제의 주성분은
기름을 제거해줄 수 있는
계면활성제랑 단백질을 녹일 수 있는
염기성 성분인데…
탄산수소나트륨은
염기성을 띠고 있긴 하지만 그다지
강하지 않고, 기름을 제거할 만한 능력도
없기 때문에,
세척 전에 미리 사용하는
정도로는 좋지만 완전히 세제를
대용하기에는 모자라죠.

그런가…
아니야, 내가 TV에서 봤는데…
세척력을 높여서 마법의 세제를 만드는 방법이 있더라구.
그런 게 있어?
식초나 천연 구연산을 섞는 거야. 그러면 보글보글 거품이 피어오르는데,
그렇게 만든 마법의 세제가 그렇게 기가 막히다 그러더라구!
신기하네~
잠깐만요, 그건 정말 엉터린데요!
굳이 약염기인 탄산수소나트륨에 식초를 섞는다니…

TV에서 나온 방법인데…?
…
탄산수소나트륨에 그나마 있는 약염기성이 산성인 식초나 구연산과 같은 산을 만나면
아세트산나트륨, 구연산나트륨 같은 염으로 중화되어버리기 때문에, 결과적으로 아무 효과도 없어져버리는데요.
보글보글 거품이 올라온다고 했죠?
이산화탄소 기체
딱 그 거품만큼 효능이 없어지고 있다고 보면 될 겁니다.

결과적으로 중화되고 남은 만큼의 탄산수소나트륨이든 식초든 둘 중 하나가 된다. 절묘하게 맞췄을 경우 진짜 아무것도 아니게 되고…

뭐… 어쨌든 안전한 천연세제 아닌가?
해로운 합성세제 쓰는 것보다야 아무래도 나을 것 같은데…
안전하겠죠! 아무런 반응성도 없으니 세척력도 없을 테니까!
그놈의 천연 타령… 똑같이 해수에서 뽑아내 정제한 정제소금은 천연소금이 아닌데, 어째서 똑같이 정제해 놓은 탄산수소나트륨은 천연 소재가 되는가….
그런데 또 락스 만들 땐 해수에서 뽑았다고 천연 소재로 만들었다 그러지.
…왜 그렇게 천연 소재에 집착을 하시는 거죠?
그래도 천연 소재가 합성물에 비해 안전한 것 아닌가?

…좋습니다,
그 천연 베이킹소다…
탄산수소나트륨 말인데요.
주로 염이 퇴적된
광산에서 캐거나, 혹은
소다 호수라고 불리는 그런
염류가 모이는 호수에서
채취하는 게 일반적인데요.
화산 폭발 같은 지각활동으로
만들어진 이들 나트륨염이 비에
씻기거나 해서 호수로 모여들고,
물이 계속 증발하면서 이 호수의
농도를 끊임없이 올리죠.
결과적으로 이런
염류가 고농도로 농축된
호수는 강염기성으로
변해서…
단백질을 녹이는
알칼리(염기성 물질) 특성상
이 근처는 보통 동물들이
살 수 없는 죽음의 땅이 되죠.
이곳에서 살아가는 건
그런 극한 환경에 적응한
몇몇 갑각류나…
이런 갑각류를 먹고 살면서
다리 부분이 고무질로 되어 있어
별 피해를 받지 않는
홍학 정도죠.

미국의 오언스 호수, 아프리카의 나트론 호수 같은 염기성 호수들은 이렇게 염류가 쌓여서 핏빛을 띠고 있는 등

천연 소재가 만들어낸 죽음의 땅이죠.

…이래도 천연 소재, 안전한 베이킹소다입니까?!

…

소재를 '천연/합성'으로 나누어 어느 쪽이 '안전하다/해롭다'라고 나누는 것은 불가능할 뿐 아니라 의미 없는 일이다.

다만 어떤 물질이건 간에 이로운 작용과 해로운 부작용을 나누어 알고 사용하는 것이 중요할 뿐이다.

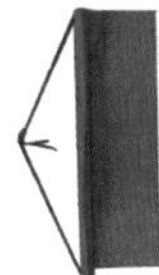

유사과학 탐구영역

10. 겨울 초파리

鷄卵
鷄卵

이 만화는 특정 기업이나 상품을 특정하여 서술하거나 묘사하지 않습니다.

춥다…

이 추운데
도서관까지 가기도 뭐하고
그냥 동방에 앉아서 귤이나
까면서 뭉개는 게 낫겠다.

이익…!!
앵~

텁
척!
치이이이 ㅡ
아니 미친
이 한겨울에
초파리가 있어!!
귀신같이 달려드네
진짜!!
제가 그랬죠…?
초파리는 음식물
썩은 곳에서 저절로
생겨나는 거라니까요.
여름에 제가
그랬는데… 그때
뭐라고 하셨죠?
이렇게 말씀하셨죠!
이 화상아!
시대가 21세기인데
무슨 자연발생 타령이야!

생물은
생물에게서 태어난다!
적당한 조건이 갖춰졌다고
막 생길 것 같으면 과일통조림은
초파리 천국이겠지!
아니면 30억 년 전 지구에서
처럼 한 1억 년 정도 방치하면
정말 '운 좋게' 원시적인 세포
구조가 태어날 수는 있으려나….
…라고 하셨는데요.
또 이렇게도
말씀하셨죠.
지금
이 초파리들은
저 밖에서
들어오는 거라고!
이 망할 초파리들은
끝내주는 후각을 갖고 있지!

수액이나 빨아 먹고 그래야 될
놈들이 귀신같이 음식 냄새를 맡고
집으로 들어온다고!
크기도 무지하게 작으니
방충망으론 이놈들을
걸러내지도 못하지!

*무협지에서 종종 나오는 기술.
멀리서 물건을 잡거나
사람을 잡거나 그런다.

뭐… 나도 초파리가
아주 저절로 생기는
거라고까지는 안 하겠지만
완벽하게 차단해도
곰팡이 같은 게 피고
그러잖아?
내가 들었는데
그런 곰팡이 같은 게…
…
…변해서 초파리가 된다고
그러더라고. 즉, 곰팡이가
진화해서 초파리가
우아아아아아아아!!
빠지지직!!
너 진짜 그러다
큰일 난다!! 디X니
우습게 보고
그러는 거 아녀!!
블리X드는
만만하니?
이건… 그거야.
연쇄번개라서 괜찮음.

아무튼 곰팡이…
냉장고 밀폐 용기 안에 들어 있던 반찬에서 곰팡이가 피고 상하는 경우가 있기야 있지.
하지만 그건 냉장고에 넣을 때 이미 공기 중의 곰팡이 포자가 섞여 들어갔기 때문이야.
밀봉을 해놓고 살균을 거친 통조림에선 곰팡이가 안 생기잖냐. 그리고 곰팡이가 포X몬이냐, 냅다 초파리로 진화를 하게?
음…
그럼 대체 겨울인데 초파리는 왜 나오는 거죠?
그러고 보니…
나도 언젠가 들었던 이야기이긴 한데
싱크대나 화장실 하수구 같은 거…
그게 내려가서 쌓이는 정화조 같은 데가 워낙 불결하고 벌레가 생기기 좋은 환경이라서
거기서 잔뜩 생겨난 벌레들이 역으로 거슬러 올라온다고 그러던데.
인외마경

후후…
또 통렬한 비난이
날아오겠군!!
자, 또
그 노도와 같은
사자후를
뿜어보시죠!
…?
안 할 건데?
왜?!
우린 입만 열면
뭐라 그러면서
재는 왜 봐줌?!
쥬왕!
너…
너 진짜…
방금 저건 있었을 법한 얘기고
니들이 말한 건 순도 100퍼센트
흰소리니까!!
헛소리엔 이게 약이여!
뭐,
아무튼…
이거 라이트세이버 아니고
레이저 소드임. 문제ㄴㄴ
…
쵸록!
이젠 스타X즈인 걸
부정도 안 하네
그런가…
화장실에서 냄새 역류
방지를 위해 S자형 트랩을 만들어
놓듯이 부엌 배수구도 여러 가지 방법
으로 배수구 트랩을 두어서 차단하고
있으니까, 배수구로 벌레가 올라오는
경우도 요즘엔 없지.

나도 겨울 초파리란 거 처음 봐서 당황스럽긴 한데…
그럼 왜 겨울인데 초파리가 날아다니냐!!
날아다니냐!!
…잠깐, 혹시?!
…알 것 같아!
잠깐 나가볼까?
예?
우리 동아리방이 학교 본관동 옥상에 지어진 가건물에 있는데,
보통 가건물 하나당 동아리방이 3~4개씩 있잖아?
초파리란 놈들이 겨울에 밖에서야 생존할 수가 없겠지만
난방이 되는 건물 안에선 살아갈 수 있거든.

아파트나 빌라
같은 데서도 한 집에서
벌레 살기 시작하면
다른 집이 암만
깨끗해도 개미나 바퀴벌레
막 나오고
그러는 경우가 있는데…

아파트나 빌라는 워낙 한 건물에
가구가 많거니와 맘대로
들어가볼 수도 없지
이 건물에
방 몇 개 없으니
한 바퀴 돌아보면
답이 나오겠지.
콩콩
저기요~

아, 저기…

?

요즘 초파리
들끓는 것 때문에 조사차
들러봤는데 혹시
아는 게…

와~ 말도 마세요.
가을부터 어디서 나오더니
겨울이 되었는데도
계속 나옵디다!

아~

저흰 동방에
아무것도 안 두는데
초파리가 생기더라구요.

그럼 첫 번째
방은 아니고…

두 번째…
여기도 별 문제는
없어 보이는데.

마지막 방…
왜 그래?
으어어…

이… 이거 다
초파리 아니에요?
으아아아!!

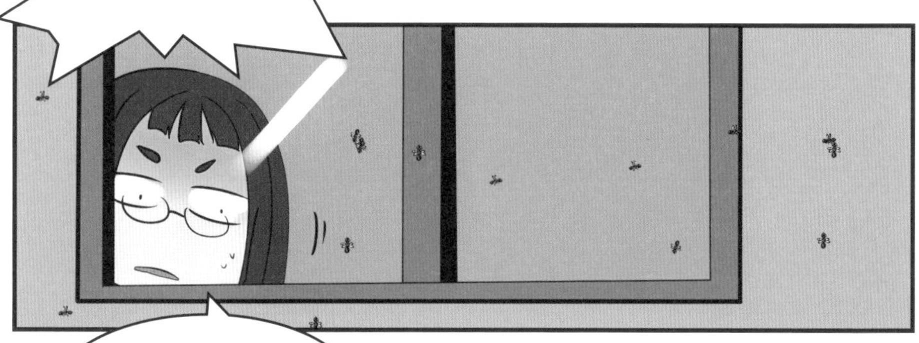
도대체
이 안에서 무슨 일이…

초파리 같은 날벌레들은 겨울이 되면 자연스럽게 사라지지만, 공동주택에서는 한 집이 서식지(?) 역할을 할 때 그 주택 전체에 겨울 내내 출몰하게 되는 경우가 있다. 바로 이런 이유 때문에 아파트에서는 주기적으로 단지 전체 세대 방역을 시행한다.

범인을 잡았다.
아니, 잠깐… 내 말을 좀 들어봐…
송아람 (생물학과 대학원생)
옛날에… 얘랑 같이 동방 쓸 때는 괜찮았는데…
최윤미 (송아람의 예전 룸메이트, 현직 과학교사)
언젠가부터 싱크대에 음식물 쓰레기가 안 없어지기 시작하더라고…
그리고 거기에 초파리가 꼬이기 시작하더니… 안 없어지는 거야… 내가 그런 게 아니라고…
나도 피해자다
……
※세상에는 진짜 싱크대 음식물 쓰레기가 저절로 없어지는 줄 아는 인간들이 드물지 않게 있다.

유바람

한티대학교 행정학과 1학년, 문송합니다

"과학만으로 설명할 수 없는
좋은 게 분명 있다구요!"

고혜람과 자주 맞부딪치는 이 캐릭터는 발암 유발원…에서 따와서 유발암, 아니 '유바람'입니다. 어떤 분께서는 이 만화를 "발암 인간과 항암 인간의 개꿀잼 배틀 ㅋㅋㅋ"이라고 해주시더군요(암으로 고통받고 계신 분께 다시 한번 죄송합니다). 고혜람의 대척점에 잡상인 할아버지가 있다면, 유바람은 이 둘을 연결해주는 캐릭터입니다. 비록 하는 말이 조금 답답하더라도 마음만은 착하니까 많이 아껴주세요.

김도원

한티대학교 기계공학과 2학년, 위대한 야망의 소유자

"야, 왜, 전자파 그거, 그 완전 치명적이드라."

담대한 뱃심과 위대한 야망, 그리고 소화기관의 소유자 '김도원'입니다(아니, 소화기관은 누구나 갖고 있잖아). 아무것도 모르는 사람보다 적당히 대충 합리적인 사람이 훨씬 무섭다고들 하죠. 어디서 보고 들은 건 있어가지고 유사과학을 지지하는 자기만의 논리를 세우는 캐릭터입니다. 유바람과는 좋은 콤비를 이루죠. 결국 고혜람의 피가 거꾸로 솟게 만드는 원인이 되지만….

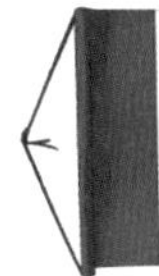

유사과학 탐구영역

11. 필수영양소

이 만화는 특정 기업이나 상품을 특정하여 서술하거나 묘사하지 않습니다.

비타민제야? 잘도 챙겨 먹는구만…. 난 귀찮아서 영 안 먹게 되던데.
이게 비타민이랑 블루베리 추출물… 몸에 꼭 중요한 필수 성분들이 들었다 그러더라구요.

착실하구만…

요즘 먹는 건 풍요롭지만 미량원소나 꼭 필요한 영양분이 부족한 '숨은 굶주림'에 시달린다잖아요. 그게 신경 쓰여서…
건강 정보 같은 걸 보면 몸에 꼭 중요한 필수성분들이 매번 새롭게 발견되고 그러잖아요.

뭐… 어차피
건강 유지하는 데
필요한 성분이야
이미 다 나와 있고…
네가 말하는 건
그냥 건강기능성 성분들
얘기하는 것 같은데,
그건 뭐
내가 꼭 필요한 효능이다
싶은 것만 챙기면
문제 없을 텐데.
…몸에
필요한 성분이
다 밝혀져
있다고요?
응.
…
…근데 건강정보지
같은 걸 보면 맨날
새로운 필수 성분
나오고 그러던데…
몸에 필요한 성분이
다 밝혀졌다고 자신하는
건 오만 아닌가요?
…
…뭐 좋아.
그 원리를 보여주는
실험 방법이 있어.
'수경재배'라고
들어봤지?

물에다 식물 키우는 거요?
그래. 말 그대로 흙이 아니라 물에서 기르는 건데…
이렇게 증류수에다 기르고자 하는 식물에게 필요한 영양 성분을 넣어서 기르는 거지.

흙과 달라서 증류수 베이스이기 때문에 '인위적으로 추가한 영양소'밖에 들어 있지 않다.
이때, 부족한 성분이 없다면 식물은 멀쩡하게 자라서 꽃도 피우고 열매도 맺겠지.
그리고 필수 성분을 하나씩 빼면서 재배해보면 어떤 성분이 부족할 때 어떤 증상이 발생하는지도 알아볼 수 있을 거고.
실제론 복합적인 요소를 고려해야 되니까 좀더 복잡하지만
헤에…
그런 필수영양소가 부족할 때 화분에 꽂아놓는 노란색 물병 같은 것들 있지?
그것들이 식물용 영양제야.
그런 식이라면 확실히… 영양분 제어도 가능할 텐데 왜 전부 수경재배로 안 하나요?
손이 많이 가고 비용도 많이 들지.
그래서 주로 연구용으로 사용되는 방식이지.
비용 면에서 맨땅 재배를 이길 수가 없지.

칼륨이 부족한 건가.
아무튼 그런 식으로 밝혀진 필수영양소 덕에 옛날에 비해 획기적으로 재배 성공률이 늘어났지.

식물은 그렇다 치고…
사람도 그런 식으로 일일이 알아본 건가요?

사람을 그렇게 가둬놓고 실험할 수는 없지….
그건 그렇네요.

한 10년 동안 가둬두고 군만두만 준다든지.

영양학의 개념이 없었던 근대까지는 영양부족으로 인한 결핍증이 제법 흔했다고 하지.

사람은 빵만으로도 살 수 있다…

…그렇게
생각했던 시기가
분명 저에게도 있었습니다.
라임…
라임 주스를 줘….
대표적인 사례는
본격적인 대양 항해가
시작된 16세기
대항해시대의
괴혈병이다.
그 외에 각기병 같은…
다양한 결핍증 사례가 있었지.
그 치료법과 예방법을 연구하는
과정에서 비타민 같은
개념이 나왔고.
음…

그것 보세요!
그런 식의
실패 사례가
얼마든지 있는데…
지금도 인간에게
꼭 필요한데 밝혀지지 않은
성분이 있을지도 모르잖아요?
하나씩 일일이
실험해본 것도
아니고요!

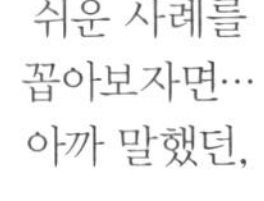
지금은 생리학적으로
어떤 영양소가 어떤 채널을 통해
흡수되고 어떤 기작으로
작용하는지가 전부 분석이
되어 있지만…
아, 그렇지.
쉬운 사례를
꼽아보자면…
아까 말했던,
완전히 격리된 공간에
갇힌 채로 '알려진' 필수
영양분만 공급받으면서
장시간 생활한 사례가
있네.

예…?
사람을 가둬두고 실험을 한 건가요?
비슷해.
우주비행사들 얘기니까.
일단 우주로 발사되어 나간 우주인들은 발사시에 챙겨간 보급품 외에 어떠한 물자도 얻을 방법이 없다. 즉, 이때 챙겨간 식량 외에는 섭취할 것이 없다는 뜻이다.
게다가 일단 우주 공간에서 먹을 것 때문에 탈이라도 나면 정말 큰일이니까 우주식량은 영양학적으로 아주 세심하게 관리되지.
오호…
뿐만 아니라 공기 중에 흩날리지 않아야 할 것, 부패의 위험에서도 안전해야 할 것 등 고려해야 할 사항이 한두 가지가 아니다.
게다가 무중력 상태에서는 뼈에서의 칼슘 유출이 심해지는 등 중력 환경과 달라지는 생리적 조건에도 대응할 수 있어야 하기 때문에 수준 높은 영양학적 보완이 필요한 것이 우주식이다.
한동안 이런 튜브나 비스킷 형태가 대세였다.
수분이 있어서 부스러기가 날리지 않음.

뭐…
이걸 만든 것도
엔지니어들이었기 때문에
영양적으로는 완벽했을지
모르지만…

맛은 전혀 고려 대상이
아니었다고 하지.
…

인류 최장 우주체류 기록 보유자는 우주정거장 미르에서 326일을 체류한 유리 로마넨코(Yuri Romanenko)다.

우주 공간의 무중력에서 그렇게도 오랜 시간을 보냈음에도 지구에 착륙했을 때 스스로 걷는 데 별 어려움이 없을 정도로 건강했으며, 영양적으로도 전혀 문제가 없었다고 한다.

영양학적으로 세심하게 디자인된 우주식과 지속적인 운동을 통한 관리 덕분이었다.

못 죽어 산다 진짜…

깨작 깨작

그래도 회고록에서 먹는 게 가장 고역이었다고 했던 것을 보면 영양학적으로야 어쨌든 간에 여전히 우주식의 맛은 먹기 쉽지 않았던 모양.

뭐… 요즘엔
꾸준히 개량된 덕에 지금은
원래 음식의 맛을 낼 수 있도록
맛에도 신경 써서 만들어진다고는
하는데…

우주 공간에서 변화되는 신체 조건 때문에
맛을 제대로 느끼지 못하는 것도 있다.

뭐, 우주식까지 갈 것도 없이…
개나 고양이용 사료를 보면
그 안에 필수영양소가 전부
포함되어 있기 때문에

다른 건 아무것도 안 먹이고
사료만 먹여도 아무런 탈 없이 자연에서보다
이상적인 건강 상태로 더욱 오래 살지.

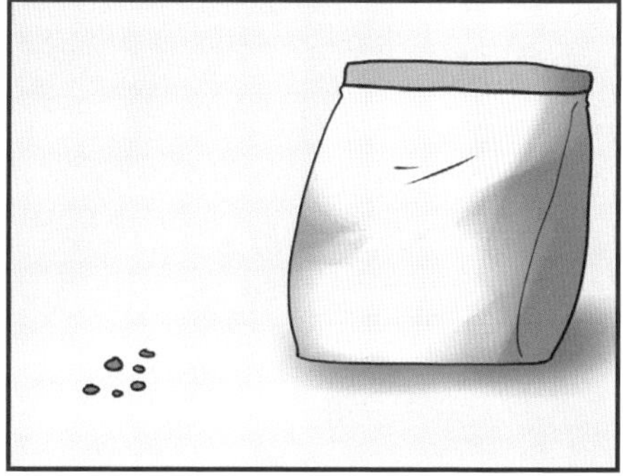

오히려 건강을 위해 챙겨주는 '특식'이
동물들의 건강을 해치는 경우가 많다.

우주식도 어떻게 보면
인간용 사료구나… 아무튼
사람에게는 맛의 즐거움 때문에라도
적용하긴 어렵겠지만.

…

…아무튼 그렇게 건강을
유지하는 데 필요한 비타민, 무기질,
미량원소 등 필수 요소들은 전부
밝혀져 있고, 거기에 그렇게 특별한
영양소가 필요한 것도 아니야.

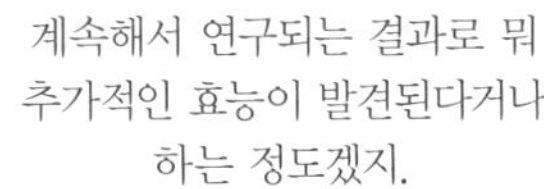

계속해서 연구되는 결과로 뭐 추가적인 효능이 발견된다거나 하는 정도겠지.
건강 유지를 위해서라면 필수영양소만 챙기면 문제 없고,
그나마도 삼시 세끼를 전부 라면만 먹거나 하는 식의 극단적인 식단만 아니라면 결핍될 일이 거의 없지.

으음…

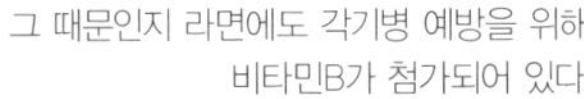
그 때문인지 라면에도 각기병 예방을 위해 비타민B가 첨가되어 있다.

그렇게까지 기를 쓰고 챙길 필요는 없다는 건가요?

그래.

오히려 그런 불안감을 필요 이상으로 조장해서 그 틈에 약삭빠르게 자기네 건강보조제나 식재료 같은 걸 팔아치우려고 하는 게 문제라면 더 문제지.

?

그리고 물론 이런 풍요의 시대에 먹는 것으로 건강을 해치는 사례가 적지 않은 건 사실이지만, 그건 그런 영양분 결핍이 문제가 아니라 오히려 반대야.

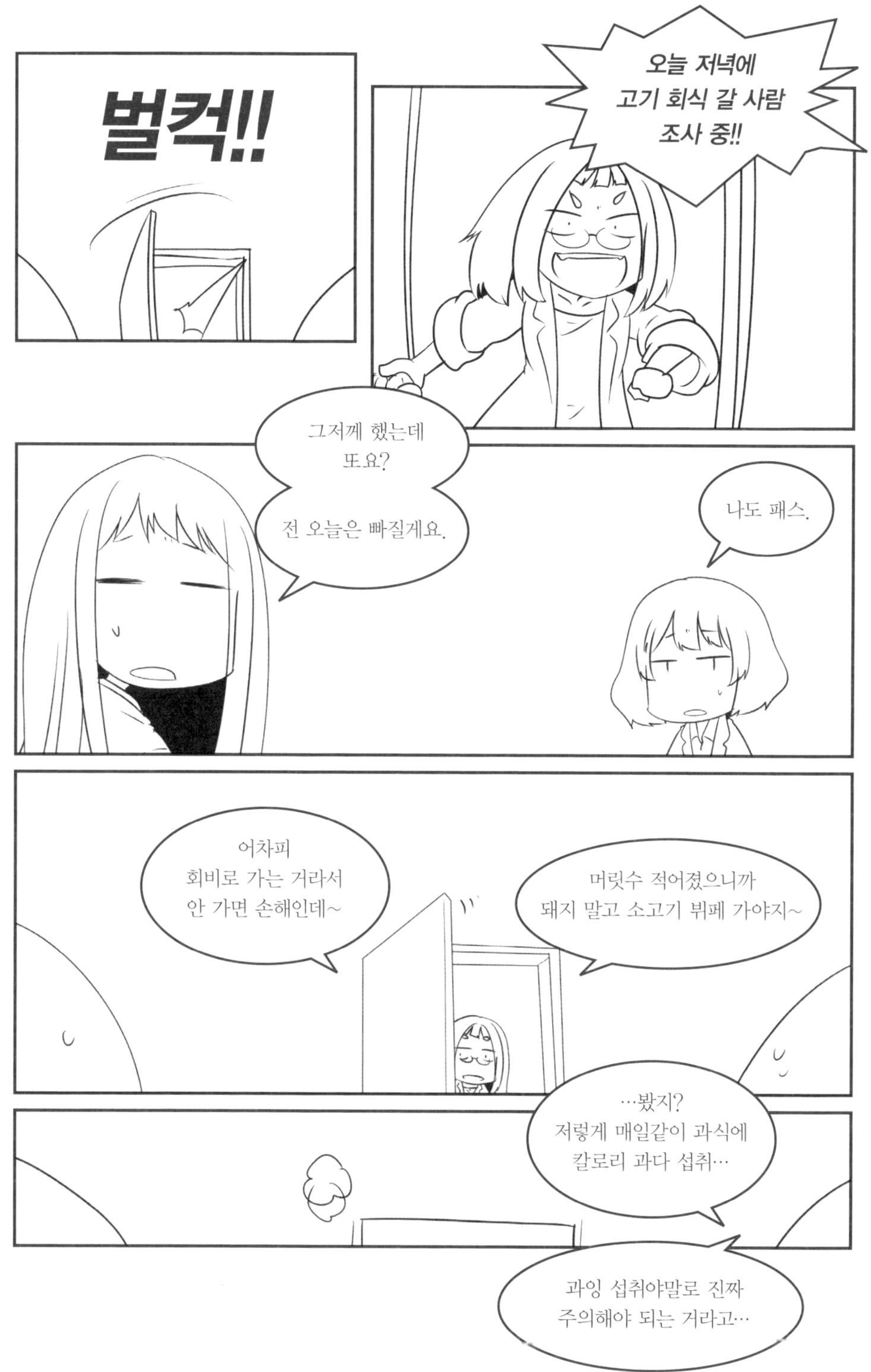

벌컥!!
오늘 저녁에 고기 회식 갈 사람 조사 중!!
그저께 했는데 또요?
전 오늘은 빠질게요.
나도 패스.
어차피 회비로 가는 거라서 안 가면 손해인데~
머릿수 적어졌으니까 돼지 말고 소고기 뷔페 가야지~
…봤지? 저렇게 매일같이 과식에 칼로리 과다 섭취…
과잉 섭취야말로 진짜 주의해야 되는 거라고…

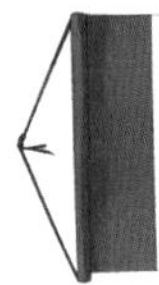

유사과학 탐구영역

12. 체온과 찜질방

이 만화는 특정 기업이나 상품을 특정하여 서술하거나 묘사하지 않습니다.

몸이 확 풀리는걸~

어쨌거나 땀 좍 빼고 확 풀리는 이 느낌 때문에라도 한 주에 한 번쯤은 지지러 올 만하죠.

뜨거운 곳에 들어앉아 있는 거니까
모세혈관 확장…
그에 따른
혈액순환 촉진, 피로회복…
굳이 효능을 따진다면
그런 것들도 있지만…
음…
아니!
여기들 들어가 계셨네!
…뭐, 지금부터
어디 한번 찜질방의
극적인 효능에 대해 들어볼
시간인 것 같네요.
…
예?
아니, 뭐냐…
지금 들고 들어온
그거 찜질방 삐라지?
예!
완전 끝내주는
효능 같은 거
적혀 있지??
그거 보고서
갖고 들어온 거지?
예!

휴…
…좋아,
읊어봐.
ㅎㅎ

보자…

'체온의
중요성'!!

우리 국민 90퍼센트 이상이
저체온 또는 부분저체온!

방치할 경우
면역력 상실, 각종 질병유발,
최악은 암!

…우리 국민
90퍼센트 이상은
곧 죽는다는
소리여?

그래서 체온을 정상유지 하여
원활한 혈액순환으로
몸속의 노폐물, 중금속, 과잉염분,
요소 등을 배출시키고,

중금속을 어떻게 배출시켜.

경직과 막힌 곳을
순환시켜 염증과
통증이 풀리며,

왜 뭐 아예 절맥타통
우화등선한다 그러지.

피로가 회복됨과 동시에
완전 건강인!
단기간에 강력한
주열작용으로
체온을 높여주는
힐링찜질방!

어질…
'완전 건강인'은 또 뭔데

풀썩

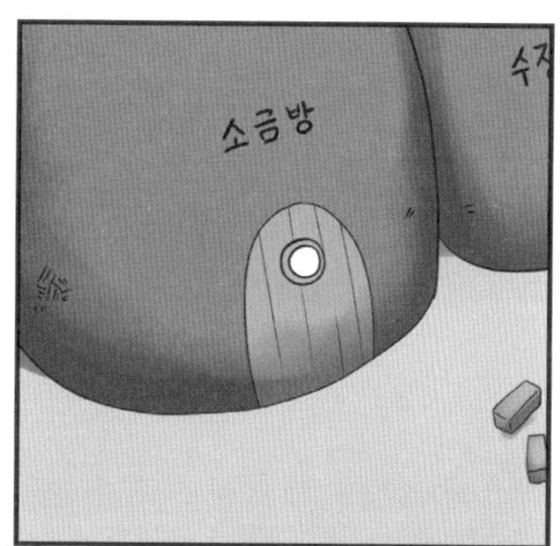
소금방

아이고…

"체온의 중요성"

1. 우리국민 90% 이상이 저체온 또는 부분저체온
2. 방치할경우 면역력상실, 각종질병유발, 최악은
3. 그래서 체온을 정상유지 하여 원활한 혈액
4. 몸속의 노폐물, 중금속, 과잉염분, 요소등을 배출시키
5. 경직과 막힌곳 순환시켜 염증과 통증이 풀리
6. 피로가 회복됨과 동시 완전 건강인이
7. 우리 서로가 최소의 비용 최대의 효과를 보

이딴 걸
가져오니까
현기증이
오잖냐…
식혜
가져왔어요~

이럴 땐
이온 음료가 안 낫나?
전 식혜처럼
단 게 좋아서….
아무튼 간에…
한번 조목조목
따져보자고.
요즘
이런 부류의
건강 정보랍시고 나오는 게
정말 악질적인 건, 일단
멀쩡한 사람을 문제 있는 걸로
몰아가면서 시작한다는 거지….

멀쩡한 사람 90퍼센트를 이상하다고 그러면, 사람이 문제겠냐, 사람을 비정상으로 분류하는 기준이 문제겠냐?

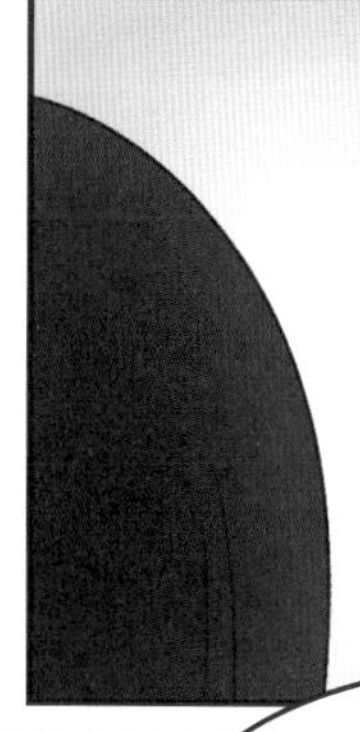

이 "우리 국민 90퍼센트 이상이 저체온 또는 부분저체온"이라는 부분이요?

우리 몸의 동작에 있어서 체온은 특히 중요한 요소라서

뇌… 시상하부의 온도조절 중추에서 특별히 관리하고 있는데

우리 몸의 기능성 단백질, 그러니까 효소 활성에 가장 직접적인 영향을 끼치는 요소니까.

우리 몸은 시상하부 자체의 열 감수성 수용체나 피부 수용체 등 다양한 채널을 통해 체온을 측정하고 대응한다.

체온은 그만큼 민감하게 측정되고, 필요에 따라 발열량을 늘리거나 하는 식으로 섬세하게 조절되지.

진짜 저체온증이란 건 그런 식으로 면역력이 떨어지고 그러는 애매한 게 아니라

급박하게 목숨을 위협하는 증상이라고

조난 당했을 때 가장 주된 사망원인이기도 하고.

그래서 서바이벌 프로그램 같은 걸 보면
저체온증 예방 노래를 부르는 모습을 볼 수 있다.

체온이 높으면 면역력이 올라간다는 말은 어떤가요?

맞는 말이기도 한데 틀린 말이기도 하지.

…?

몸이 필요하다고 판단하면 자체적으로 체온을 상승시키거든.

더 높은 온도가 될수록 병원균에 면역세포가 작용하는 효율이 올라가니까.

다만 자가면역성 반응*같이 이 발열반응이 지나치게 일어나서 체온이 40도를 넘어가면,

그때부턴 몸의 단백질이 변성… 쉽게 말해 익어버리는 사태가 벌어져서 생사가 오락가락하게 되지.

*외부 물질로부터 내 몸을 지켜줘야 할 면역세포가 오히려 자신의 몸에 반응하는 것.
류마티스 관절염이 대표적인 자가면역성 질환이다.

…!!

그리고 다른 대다수의 효소나 기관은 정상체온인 36~37도 정도에서 최적의 효율을 발휘하기 때문에 오히려 활성이 저해 받기도 하고.

당장 다 떠나서 감기 걸려서 체온이 1도만 올라가도 컨디션 급 안 좋아지고 38도 정도 되면 완전 불덩이같이 되서 몸져눕는데…

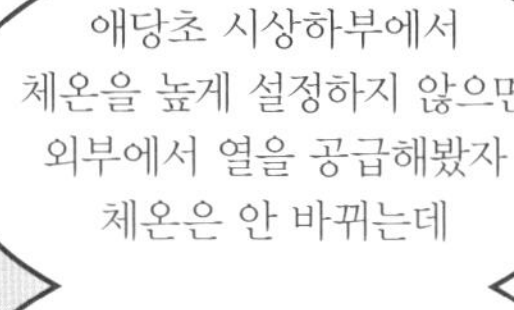

애당초 시상하부에서 체온을 높게 설정하지 않으면 외부에서 열을 공급해봤자 체온은 안 바뀌는데
사우나랑 체온이 무슨 관계가 있다는 건지 원….

땀이나 기타 온도조절 기작으로 체온은 항상 일정하게 유지된다. 이게 무너져서 외부 요인으로 체온이 멋대로 오르기 시작하는 게 열사병이다.

그럼 다음은…
"몸속의 노폐물, 중금속, 과잉 염분, 요소 등을 배출시키고…"

중금속을 어떻게 배출해!!
버럭

납, 수은, 카드뮴 등의 몇몇 금속들은 체내에서 유해성을 나타낼 뿐 아니라 지방에 흡착되는 등의 요인으로 인해 잘 배출되지도 않는다.

이타이이타이병이나 미나마타병 등 이러한 중금속 중독으로 인한 병이 유행한 적이 있다.

과잉 염분, 요소 등을 배출시킨다고 하는데 어차피 땀으로 안 나가면 오줌으로 나가니까 땀을 빼는 게 그렇게 극적인 도움을 주는 것도 아니지.

잘 배출되지 않고 잔류하기 때문에 먹이사슬 위쪽으로 갈수록 중금속이 농축되는 경향이 있다.

땀으로 더 나가는 만큼 오줌으로 덜 배출되고, 땀을 덜 흘리는 겨울에는 그만큼 오줌으로 더 배출된다. 그런 면에서 물을 충분히 마시는 것이 직접적으로 더욱 도움이 된다.

모자라지 않을 만큼 말이죠.

그럼
마지막 부분…
“경직과 막힌 곳을 순환시켜
염증과 통증이 풀리며, 피로가
회복됨과 동시에 완전 건강인이 된다”
라는 건?

뭐… 온찜질이
혈액순환에 도움이 되는 건
사실이지.

물론 진짜 순환이
턱 막히는 경우는 없겠지만
그럼 찜질방이 아니라
병원에 실려 가야겠지
어쨌거나 혈관이 확장해서
혈액이 많이 공급되면 그만큼
회복도 빨라지고 찜질로
통증도 덜해지고…

진짜 순환계통이
아주 ‘막히면’ 조직 괴사 등으로 이어져
큰일이 벌어진다.

?
근데 그런
효과 보려면 그냥
적외선 치료기나
찜질팩 대고 있는 게
훨씬 낫지 싶은데…
찜질방 광고로서는
흠…

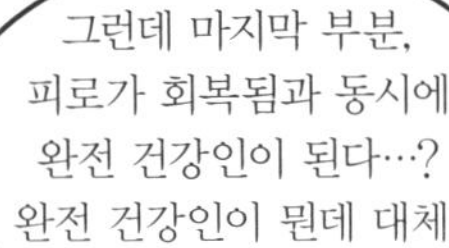
그런데 마지막 부분,
피로가 회복됨과 동시에
완전 건강인이 된다…?
완전 건강인이 뭔데 대체.

이게 초 건강인 1 !!
이게 초 건강인 2 !!!
그리고 이게 완전 건강인이냐ㅑㅏㅏㅏ?!
……
찜통더위
매일이 찜질
야, 어쨌든 간에 진짜 이 전단지대로라면 사람이 가장 건강한 건 여름이고…
하늘에서도 땅에서도 원적외선 무진장 쏟아지는 중동 사는 사람들이 세상에서 제일 건강한 사람들이어야 될 거야….
……

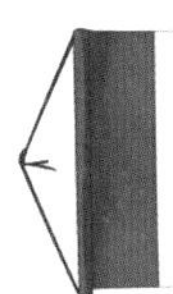

유사과학 탐구영역

13. 대자연 속으로(1)

鷄卵
鷄卵

이 만화는 특정 기업이나 상품을 특정하여 서술하거나 묘사하지 않습니다.

콩!

휴…
일단 텐트는 다 됐네.
캠핑 동아리라서
캠핑을 하는… 건 아니고

실은 일 때문에
본의 아니게 산에
오게 되었다.
해마다 이루어지는
주요 식물군 분포
조사 및…
식물분류학 강의 과제에 사용하기
위한 식물표본 제작이 목적이다.
그렇지, 분류학 강의
과제 때문에 왔다고
그랬지…
야~ 그 교수님
유명하잖아!
얼마나 학점 주시는 게 짠지!
동물표본이면 호랑이 박제!
식물표본이면 산삼 표본
정도는 만들어 가야 A+를
주신다고 그럴 정도니까!!
…
으으…

뭐 어쨌든 난 간만에 짬이 나서 쉬는 김에 따라온 거니까…
저도 그냥 캠핑 삼아 따라왔을 뿐이죠.
손가락 하나 까딱 안 하고 구경만 할 거다!!
그뿐만 아니라! 오늘 저녁식사랑 내일 아침식사도
손가락 하나 까딱 안 하고 축내기만 할 거다! 아주 맛있는 거 먹여달라고!!
으으…
와… 언니 오늘 왜 이렇게 쎄요?
후후… 오늘 쟨 절대로 나한테 못 거스르게 되어 있어.

그 학점받기 어렵다는 분류학!
하지만 난 옛날에 A0를
받은 적이 있거든!
그때 A0를 받았던 식물군
표본 채집할 수 있는 족보를
정리한 지도가 바로 이거라는 말씀!
천금을 준다 하더라도
살 수 없는 귀중한
지도이다 이거지!

그걸 캠핑 시중드는 걸로
퉁쳐 주는 거니까
감사하게 여기거라~
성은이
망극하옵니다.
식물분류학?
그래.

수많은 채집과 분류로
다져진 지금의 나는…
이제 언뜻 보기만 하면
대부분의 식물이
어떤 식물인지를
알 수 있지.

오~

그럼 당장 여기 있는
이 풀이 뭔지 알 수
있는 건가요?

음~
정확히는 모르겠지만…
일단 백합과인 것 같은데…
오…
뭔가 유식해 보인다.

우리나라 산속에서
볼 수 있는 식물들
중에…
…
?

잎맥이 나란히맥으로
되어 있는 건 무조건
백합과라고 그러면
대충 다 맞거든.
하다못해 파·마늘·양파도
전부 백합과임.
…
아니면 그나마 벼과 정도.
비슷한 수준의
예시:
이 발자국이
무슨 동물의 것인지
아시겠어요?
?
멍청
음… 일단
네발짐승인 것 같은데…
나 채집하러 가는 곳 엄청
험할 텐데 굳이 안 따라와도
되는데.
파촉 삼만 리여
모처럼 산에 왔는데
이렇게 산도 타면서 맑은 공기도
마시고 자연도 느끼고 그래야
건강해지는 거죠!
그래…

뭐…
운동은 엄청 되겠지.
그죠?

도시에서 생활하면서 쌓이는 독 같은 것도 이렇게 풍요로운 자연 속에서 해독하고 가고 그러는 거죠!
인간도 자연의 일부이기 때문에 자연에서 떠날 수 없는 법이거든요! 언젠가 다 떠나서 아주 자연 속에서 살고 싶다니까요!

…뭐 자연 자연 그렇게 노래를 부르는 건 좋지만

예?
실제로 인간은 자연과 별로 안 친하다는 건 알아둬.

극단적으로 말하자면 문명의 발달 과정은 인류가 얼마나 자연에게서 멀리 떨어지고자 노력했는가 하는 과정이라고도 할 수 있으니까.

…?

옛날 비디오에서 항상 나오던 '옛날 어린이들은 호환, 전쟁, 마마가 가장 무서운 재앙이었으나…'라는 문장 알아?
…예?
진짜 요즘 사람들 알라는가;

아무튼 원시시대부터 지금까지도 그런 호환 같은 야생동물의 습격은 인류에게 큰 위협이지.
굳이 맹수의 위협만이 아니더라도 자연 그 자체의 환경은 인류가 살아남기엔 너무 가혹한 환경이었어.

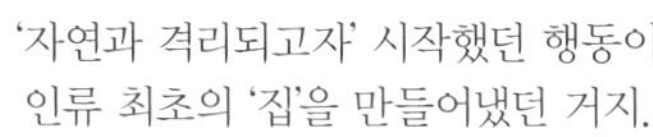

그렇게 해서 동굴로 숨어들거나 숲을 밀어내고 울타리를 세우는 등,
'자연과 격리되고자' 시작했던 행동이 인류 최초의 '집'을 만들어냈던 거지.

아니… 제 말은
그렇게 거창한 게 아니라,
그러니까 도시의 삭막한 콘크리트나
합성물 같은 거에서 떠나서 자연의
공기나 먹을 것 그런 얘긴데…

끝까지 들어봐.
아무튼 그렇게 일단 집은
확보했고, 다음은 먹는 것
문제였는데…
자연에서 인간이
이용할 수 있는 식물도
굉장히 한정적이었지.
인류가 주요 식량작물로
이용하는 식물이라고 해 봤자
벼, 밀, 보리, 콩 같은 메이저한
몇몇 곡류와…
그걸 재배하기 힘든 곳에서는
감자나 옥수수, 고구마,
카사바 같은 것들.

귤도 품종개량 이전에는 지금보다
훨씬 작은 데다 커다란 씨앗까지 들어 있었다.

그나마도 수확량이나
녹말 생산량 같은 게 만족스럽지
못해서 열심히 뜯어고쳐
지금의 '소비하기 적합한'
형태가 된 거고.
천연 솔라닌
성분이 풍부!

뿌리식물은 독을 함유한 것이 많다. 감자나 카사바 등이 대표적.
그래서 그런 작물을 이용하는 곳에선 항상 독을 빼는 조리를 먼저
거치게 된다.

몇몇 종류들은
그런 개량을 통해 자연 본래의
독성을 제거하고서야 이용이
가능해졌지.

토마토가 처음에 독이 있는 것으로 알려져 식용이 아닌 관상용으로만 이용되었던 이유도 워낙 오랫동안 이런 종류의 독이 든 열매에 데어왔기 때문이다.

아무튼 간에 그 정도로 우리가
지금 먹는 식물들은 고르고 고른
다음 오랜 세월 동안 개량까지
거친 것들이지.

이용할 수 있는 식물과
이용할 수 없는 식물의 분류
그리고 품종개량 등, 심지어
중국에서는 이런 자연과의 싸움을
신의 권능으로까지 추앙할
정도였으니까.

1만 가지 먹을 수 있는 풀과 먹을 수 없는 독초를 분류하고 농사법을 가르쳤다고 한다.

염제 신농

그 정도로 인류가 이용하는 식물은
그 많은 식물들 안에서도 극히 일부…
자연 속에서 인류에게 적합한 일부만을
골라내서 더욱 적합하게 가공하는 과정을
반복해온 것이 문명의 발달 과정인 거라고.

농업, 목축업, 광업 등이 이렇게 발달해왔다.

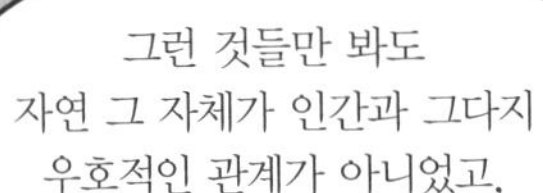
그런 것들만 봐도
자연 그 자체가 인간과 그다지
우호적인 관계가 아니었고,
그렇기 때문에 인류의 지상 과제는
얼마나 자연을 인류에게 적합하게
가공하였느냐였던 걸 알 수 있지.

음…

야, 진짜 네 말대로 '건강한 자연'이면
아직까지 열대 숲속에서 농업이 아닌
수렵·채집만으로 살아가는 부족 사람들이
제일 건강하고 장수해야지.
오히려 지금 평균수명이
가장 높고 건강한 건
'도시화'된 나라의 대도시
사람들이라고.
…그런 건 의학이나
약 같은 것들의
발전 때문 아닌가요?
의술이야말로
비자연의 최첨단을
달리고 있는 것 아닌가?

그래도 도시의 오염된 공기나
환경보다는 자연 환경이
더 낫다는 건 사실이잖아요.

그렇긴 한데…
네가 말하는 자연은
진짜 자연의 일부만을
말하는 거야.
?
딱 도시 사람들이 상상하는
낭만적인 농촌 풍경 그대로라고.
근데 정말 귀농해보면
그게 아니거든.
비가 한번 왔다 하면
온통 젖는 데다가
나무와 흙으로 지은 집이면
그 습기가 며칠 동안 계속 남아서
집 안이 온통 눅눅하지.
집 안에 마른 수건이 남아나질 않는다.
한동안 신경 안 쓰고 있으면
온갖 잡초들이 돋아나서 순식간에
정글이 되는 데다가
쥐는 애교고 뱀도 심심찮게 나오고
여름엔 모기나 파리,
돈벌레 같은 온갖 벌레들이
습격해온다고.
그래서 사람들은 흙을 돌로,
그리고 지금은 콘크리트랑
아스팔트 같은 것들로 싹 덮어버렸고
배수로도 만들어서
물이 고이지 않게 했다.
집도 흙과 나무보다는
콘크리트로 짓기 시작했지.
시멘트
바닥과 벽도 타일과 벽지 등으로
깔끔하고 '비자연적'으로 발라버려서
위생적인 주거환경을 갖추게 되었어.

그래, 저 가장 '비자연적'이라고들 말하는 아파트야말로 사실 지금으로서는 가장 이상적인 거주지가 된 거야.

네가 생각하는 자연은 그런 불편하고 비위생적인 면들을 전부 빼고 생각하는… 도시인이 막연하게 생각하는 낭만적인 자연일 뿐이지.

야, 너도 캠핑 딱 3일만 밖에서 비 맞으면서 해봐라.

자연에 있던 정나미도 모조리 떨어질 거다.

아니면 신나는 혹한기 훈련 같은 거나…

…뭐, 하지만 딱 그런 생각으로 도시에 살면서 가끔씩 하루 정도 자연에 소풍 나오듯 맛만 살짝 보며 낭만을 간직하고 사는 게 이상적인 건지도 모르지….

맑은 공기 하나는 좋긴 하지만 그거 하나 보고 자연 속에 살기는…
……

ㅎㅎ
집안에 창궐하는
모기·돈벌레·바퀴·지네 같은건
구렁이에 비하면 차라리
귀여운 수준임···

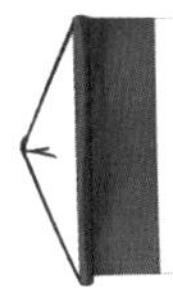

유사과학 탐구영역

14. 대자연 속으로(2)

이 만화는 특정 기업이나 상품을 특정하여 서술하거나 묘사하지 않습니다.

이게 얼마 만에 누려보는 휴식이냐~
연구에서 해방돼서 자연 속에서 이렇게 평온한 시간이라니…
으아~ 편하다…

아무것도 안 하고 누워서 쉬니까 정말 편하다…
편하기는 한데…

더… 뭔가 더욱더 적극적으로
격렬하게 아무것도 안 하면서
더욱 편하고 싶다~

쯧쯧쯧…
?!

젊은 친구가 모처럼 산에 왔으면
산도 좀 타고 운동을 하면 좋을 텐데,
하루 종일 저렇게 게으르게
늘어져서는 뭣하는 짓이누?

…?!

잠깐… 저 사람은
혜람이가 종종 말하던
그 잡상인 할아범 아냐?

…운동하다 쉬는 건지, 하루 종일 뒹굴대고 있는 건지는 어떻게 안대요?
어허~

내가 국사봉 올라갈 때 뒹굴대고 있는 걸 봤는데, 지금 내려오는 길인데도 똑같은 자세로 퍼져 있더만!
…

아무튼 간에… 모처럼 산에 왔는데 산길이라도 좀 걷고 그러면 어떤가. 보는 내가 답답하구만.

평소에 노는 것도 아니고, 가뜩이나 바쁘게 공부하고 연구하고 그러는데 가끔씩 아무 생각 없이 노는 날도 있어야죠.
허리도 아프고 온몸이 쑤셔서 운동할 상태가 아니라구요.
뭐 산에 와서 걸어다니면 갑자기 건강이 좋아지고 그러나요?
산의 정기 아니면 그 무슨 음이온 같은 것 타령하시려면 번지수를 잘못 짚으신 것 같은데요.

…평소에 바쁘고
힘들다고 하지만
전부 책상 앞에 앉아서
하는 일 아닌가?
몸이 힘들지 몰라도
어쨌거나 앉아 있다 보니
신체에 가해지는 힘은 줄어들고
그만큼 근육량이 줄어들지.
특히 등 근육이
약해질수록 그만큼 척추에
가해지는 부담은 점점
커질 수밖에 없고…
그 결과
만성적인 허리 통증,
척추 이상을 불러오게 되는 게야.
산길은 길이 험하고
경사도 져 있어서
평지에서 걷거나
달리는 것보다
운동량도 많고
쓰이는 근육도 다양하니까
훨씬 좋을 텐데.
…

이래도 할 일 없는
늙은이의 쓸데없는
참견이라고 할 셈인가?
…의외로 생각만큼
사이비스러운 말은
아니네요.
음이온이니 원적외선이니
하는 거 읊으실 줄 알았는데…
근데 그럼 평소에는
왜 그러고 다니시는 거죠?
왜긴 왜인가,
다 먹고살자고
하는 일이니까
그런 것 아니겠나.
자네들은 나를
사기꾼처럼 생각하는 모양인데,
말했듯이 난 어디까지나
안심과 행복을
판매하는
행복의 전도사라구!
…

장사의 기본이란 뭔가?
그건 바로 소비자의 요구에
부응하는 것이지.
지금 대부분의 소비자가
원하는 것은 천연 성분,
자연 그 자체,
그런 '문구'들인 것이야.
어쨌거나
천연·자연이라는 단어는
엄청난 친근함과 안정감을
주니까 말이지.
진짜… 왜 그렇게
천연·자연 열풍이
불기 시작한 거죠?
애당초 천연물과
합성물의 경계가 어딘지도
잘 모르겠고….
아마도 그건…
과학이 아니라
인문학의 시점에서
접근해야 뭔가가
보일 것 같구만.
자연이란
신비롭고 위대하며…
생명이 태어난 고향이지.

따라서 자연물은 따뜻하고
부드러우며 안전하다.
반면 합성물은
차갑고 인공적이며
위험하다.
…그런 이미지가 생겨났고,
지금까지 유지되고 있지.
지금에 와서는
거의 확고한 신앙의 수준에
이르러 있다고 해도
과언이 아니라네.
신앙…
그래.
철학적으로 접근해보자면…

…
거듭된 자연에 대한 탐구와 연구는 지구, 우주, 물리나 수의 법칙뿐 아니라… 신의 영역이라고 여겨지던 분야인 생명에 대해서도 예외는 아니어서, 세포와 그 소기관, 각종 생물 내부의 화학반응, 유전자에 이르기까지 낱낱이 밝혀내게 되었지. 그 결과 생명이란 것은 신비한 조화에 의한 신성한 무언가가 아니라… 화학반응을 일으키는 작은 단백질 기계장치들의 집합에 지나지 않을 뿐이라는 사실을 알게 되었지.

인간 역시 예외는 아니어서 인간은 신성한 창조물이 아닌, 다른 생물과 다를 바 없이 단순한 기관과 부품의 집합에 지나지 않는다…. 그걸 받아들이기에 인간의 정신은 너무 나약했지. 그에 대한 반동으로 여전히 '신비롭고 자애로운 자연'에 집착하는 것은 아닐까…
그건 너무 현학적으로 멀리 나간 것 같은데요.

그럼 좀더
현실적인 면을
보도록 할까.
그동안 쌓여온 과학과 기술은
현대에 들어 그 발전 속도가
폭발적으로 증가했지. 사실상 이미
과학기술이 과학기술을 발전시키는
단계에 이르렀다고 봐도
무방한 시대야.

그 결과 이제 사람들은
그 기술의 산물을 이용하면서도
그것들이 어떻게 만들어졌는지,
어떤 원리로 효능을 내는지
더 이상 짐작조차 할 수 없게
되어버렸어.

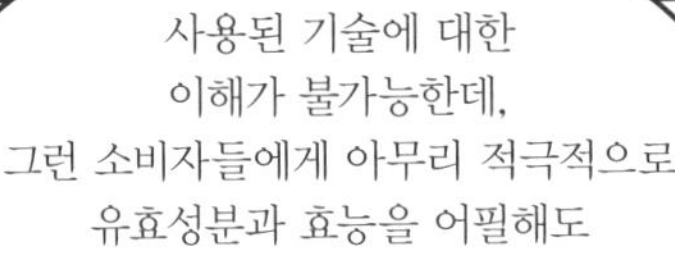
사용된 기술에 대한
이해가 불가능한데,
그런 소비자들에게 아무리 적극적으로
유효성분과 효능을 어필해도
그건 그저 무슨 외계어일 뿐
더 이상 어떠한 마케팅 효과도
갖기 힘들게 되었지.
따라서 소비자들에게는 더 직관적이고
쉽게 이해할 수 있는 어필 포인트가
필요했지.
리보플래빈,
아스코르브산
디하이드로레티놀

복잡하니까 대충 다 비타민이라고 퉁치자.

자연 그대로의 천연 성분
그때 이루어진 대발명이 바로 '천연'과 '자연'의 이미지라네.
천연 락스
이게 대체 어느 나라 말이야 진짜
익숙한 자연과 천연에 관한 이미지를 내세운 이 마케팅은 대성공을 거두었지.
아마도 20세기 말 웰빙 열풍 때부터 시작된 듯.
그 이후로 천연·자연 마케팅은 거의 모든 제품에 필수가 되었지.
소비자들도 이제 물건 고를 때 머리 아프게 생각하거나 망설일 필요가 없어졌고!
…
깊게 생각하거나 고민할 필요 없이 직관적이고 이해하기 쉽거든.
근데 그럼 대체 어떤 게 천연 성분이고 어떤 게 합성인 거죠?
물질에 그런 특징은 없고 어차피 모든 화합물은 이미 자연에 존재하던 원소에서 유래한 거잖아요.
천연소금에서 나트륨 분리해서 탄산수소나트륨 만들면 그건 천연 베이킹소다인데
왜 천연석유에서 고분자물질 뽑아서 플라스틱을 만들면 그건 합성 플라스틱이지?

듣고 보니
그렇구만…
콩을 갈아낸 다음
단백질만 추출한 용액을
염화마그네슘이나 황산마그네슘으로
응고시킨 변성 단백질 덩어리인
두부는 웰빙 천연식품인데…
사탕수수 당밀이나
해초를 발효시켜서 추출한
MSG는 화학조미료란 말이지.
영어 이니셜로
되어 있으면
합성이고…
…
알기 쉬운
우리말이나
한자 단어로 되어 있으면
천연인가…
사실 전부 자연에서
유래한 것들인데 어떤 게
천연 성분이고 어떤 게 화학합성이다
나누기도 참 애매한 일이기는 한데…

근데 뭐 까짓거 누가 신경이나 쓰겠나?

그걸 결정하는 게 바로 마케팅이지.

우유 단백질을 광고에서 카세인이라 부르면 화학합성물이 되고, 차아염소산나트륨을 합성하는 데 천연소금을 썼다고 하면 친환경 천연 표백제가 되는 게 지금의 현실이네.

그런데 어쨌든 소비자는 조금이라도 안전한 물건을 쓰려고 노력하잖아요.
그런 마케팅은 그걸 배신하는 행동인 거 아닌가요?

이미 말했지 않나. 더 이상 소비자들은 어떤 제품의 기술과 원리를 이해할 수 없는 지경에 이르렀다네.

이런 정보의 불균형은
극복할 수 있는 문제가 아니야.
따라서 소비자들이 원한 건
더 단순하고 명확한 '이미지'이고
우린 거기에 응했을 뿐인 거라네.
아니면 자네가
일일이 사람들을 찾아다니며
그 정보의 격차를
메꿔줄 수 있단 말인가?
그 말은…
더 이상 연구실 밖에서의
과학지식에는
의미가 없다는 말인가요?
아니지…
오히려 더욱 유용하게
쓸 수 있다네.
?
우리 장사의 핵심은
사람들에게 안심할 수 있는 기분을
들게 해줘야 한다는 것인데…

장사도 알아야
하는 거거든.
거기에 가장 중요한 건
얼마나 '리얼리티'를
줄 수 있느냐 하는 거지.
따라서 그런 과학 지식들은
리얼리티를 주는 데
아주 제격인 거라네!
예를 들자면…
우리 몸의 70퍼센트는 물!
(사실)
따라서
좋은 물을 마셔야 하는 건
당연하죠! (마케팅)
그렇게 해서 소비자들에게는
안도감을 주는 상품을
전달해줄 수 있는 것이고
우린…
…우린?
…
척
…네.

Money.

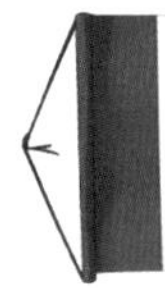

유사과학 탐구영역

15. 효소액

이 만화는 특정 기업이나 상품을 특정하여 서술하거나 묘사하지 않습니다.

앗… 또 또
커피…
뭐.

거의 하루 종일 그렇게
커피를 입에 달고 계시는데…
카페인은 아예 말도 안 하겠는데
그게 다 설탕 아니에요.

그렇게 신나게
당 과다섭취하면
남는 칼로리가 다 어디로 갈까요?
그렇다고 운동을 하시는 것도
아닌데.
맞는 말이니
반박할 말이
없군…
하지만 네가
놓치고 있는 게 하나 있다.

?
…네?

…
짜샤 여기에 설탕만
들어있는 줄 알지?
식물성 유지랑 유지방도
잔뜩 들었다.
니가
생각하는 것보다
훨씬 많이 잉여 칼로리
쌓고 있지롱.

…뭐 아무튼 잘됐네요.
이왕 마시는 거 좀더
건강한 걸로 마시는 게 낫겠죠?
제가 좋은 거 만들어 왔으니까
그거 타 드릴게요.

…?

바로 이
매실 효소액!!
빠직
효…
효소액?
매실에서 추출된
효소가 들어 있어서
커피보다는 훨씬
몸에 좋죠!
네!

워워~
릴랙스.
후욱
후욱

…효소가
뭔지는 알고?

몸에 꼭 필요한 거잖아요!!
당연히 효소를 섭취하면
좋겠죠!!

습—

하—
…백 번 양보를
해서 말이지.

?
효소를
먹었다고 쳐보자고.
효소라는 것은…
쉽게 말하자면
기능성 단백질 분자를
말하는 거야.
근데 단백질이 너무 커다래서
장에서 흡수를 할 수가 없거든.

예를 들어 '콜라겐'이라는 단어가 단백질이라면, 이 단어를 구성하는 'ㅋㅗㄹ ㄹㅏ ㄱㅔㄴ'이라는 자음과 모음들이 아미노산이라고 비유할 수 있다.

단백질은 아미노산이라는
것들로 이루어져 있는데,
장에서는 오직 이 아미노산
단위만을 흡수할 수 있지.
그래서 모든 단백질은
아미노산 단위로
개박살이 난 다음
오라!!!
각 부품인 아미노산으로
흡수되기 때문에, 어떤 효소를
섭취하건 간에 그게 흡수될 때는
아무런 의미가 없다는 거야.
이 아미노산들은 나중에
우리 몸속에서 단백질이나
효소를 합성할 때
그 부품 역할은 하지.
오호…
야! ㄹ이랑 ㄴ
있는 대로
가져와봐!

따라서 콜라겐을 아무리 섭취해봤자 우리 몸에서 콜라겐을 만들려 하지 않으면 아무런 소용이 없다. 모자라면 문제가 되지만 더 먹는다고 해서 딱히 도움이 더 되지는 않는다.

근데 어쨌든 그건 효소가 있을 때 얘기고!
이 효소액에는 효소가 없어!!
네?!
기본적으로 효소액은
설탕의 높은 농도로 인한 삼투압으로
재료를 짜내서 유효성분을
추출하는 것이기 때문에,
비타민 혹은 알칼로이드* 등은
추출될 수 있지만 애당초
있지도 않은 효소가
추출될 리가 없지!

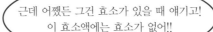

*알칼로이드: 질소 함유 화합물들. 동물에게도 여러 가지 생리작용을 나타낸다. 대부분 쓴맛이 난다. 대표적으로 카페인, 니코틴, 코카인, 모르핀….

효소가 주성분도 아닌데
왜 효소액이냐?!
으어…
부스럭

혹시 자네가 사간
이 건강에 좋은 효소액
추출 세트를
또 너희 트집 잡기
좋아하는 친구가 걸고넘어질 수
있을 것 같구먼.
예…
그럴 때를 대비해서
이 비단 주머니를
줄 터이니 혹시 그런
상황에 처하게 되면
열어보게나.

종이…?

어… 보자,
이 효소액은 효소가
들어 있다는 말이
아니라…

식물 성분이 효소에 의해
발효되어 좋은 효과를 나타내는
효소 발효액이기 때문에
효소액이다…?
뭐… 뭐?!
이 설탕 덩어리가 발효…!!

…!!
습 —

— 웩
주륵

릴랙스 실패…

맙소사…
온몸의 기혈이 뒤틀렸어…!
껵…
?
주화입마…!
그 잡상인 영감…
이거야말로 화살 한 대 쓰지 않고
남의 혓바닥을 빌려 편히 앉아
천 리 밖의 적을 치는
계책이로구나.
두렵도다….
…발효란 뭐지?
몸에
좋은 거요!!
………
여러분, 발효에 의해 만들어진 술이 바로 보약입니다.

…된장, 치즈,
요구르트 같은 걸
발효식품이라고
하잖아?
미생물에 의해 분해되고
그 분해 산물을 이용하는 게
발효식품…
즉, 미생물에 의한 대사 작용이
일어난 다음 그 산물이 사람에게
이로운 경우에 발효라고 하는 거야.
아…
그렇죠.
해로운 경우에는 부패.
그런데 효소액이라고
하는 것들은 일단
재료를 넣고 설탕을
잔뜩 붓잖아?
그러면 설탕이 워낙
고농도이기 때문에 재료에서
수분이 빠져나오면서 유효성분이
함께 빠져나오는 거야.
만약 거기에
균이 있다면 균 내부의
수분도 모조리
빠져나와 버리지.
엇…
당연히 이 안에서는 균이
살아남을 수가 없지. 소금으로 절이면
염장, 설탕으로 절이면 당절임…
설탕 같은 당을 이용해 절여서
균을 완전히 죽여 보존하는 대표적인
예가 잼이고, 소금으로 죽이면
젓갈이 되는 거고.

아무튼 그렇게 균을 모조리 죽여놨는데 발효가 되겠니, 안 되겠니?
그래. 네가 말하는 효소액은 효소도 아니고 발효랑도 전혀 상관 없다 그 말이야!
어… 안 되겠죠?
원래 그런 식으로 설탕이나 꿀로 절이는 음식을 '청'이라 그래서…
우리 종종 마시는 유자차나 모과차도 전부 유자청이나 모과청으로 만든 전통음식이야.
근데 그걸 갑자기 현대에 와서 이상한 이미지 덧붙여 팔아먹으려 드는 게 소위 '효소액'이라 그러는 것들이지.
어쨌거나… 몸엔 좋지 않나요?
재료로 쓰인 과일이나 식물 자체의 효능은 있겠지.
주로 앞서 설명한 알칼로이드 성분의 효능이다. 그런데 약초를 재료로 하는 경우에는 간에 부담이 가는 등 부작용의 위험이 있으니 전문가의 도움을 받는 것이 좋다.

하지만 설탕은…? 결국 이것도 당절임인 만큼 어마어마한 당분을 섭취하게 되는데,
그럼 아까 커피나 음료수의 당 섭취 문제랑 똑같아지잖니.

어… 제가 듣기로는 설탕이 분해돼서 좋은 성분으로 바뀐다는데…

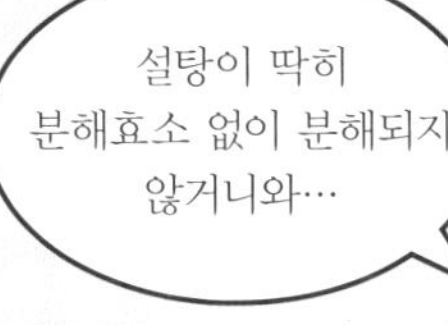

설탕이 딱히 분해효소 없이 분해되지 않거니와…

설령 분해되었다손 쳐도 포도당과 과당 혼합액,
이른바 액상과당이 되어버리는데 결국 섭취하는 당의 양은 똑같지.

꿀 역시 매우 미량의 미네랄과 벌 분비물을 제외하면 포도당+과당으로 액상과당과 같다.

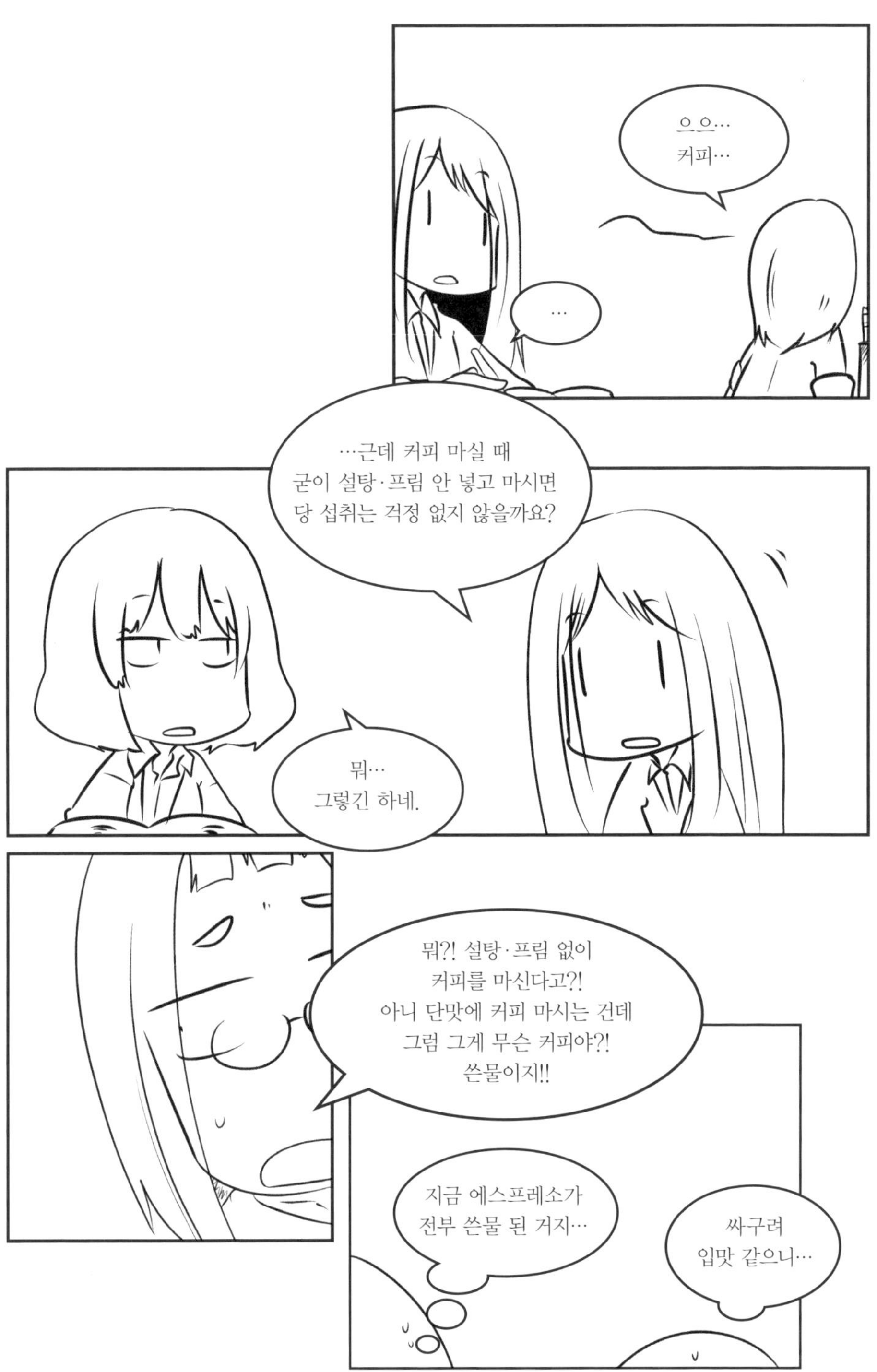
으으…
커피…
…
…근데 커피 마실 때
굳이 설탕·프림 안 넣고 마시면
당 섭취는 걱정 없지 않을까요?
뭐…
그렇긴 하네.
뭐?! 설탕·프림 없이
커피를 마신다고?!
아니 단맛에 커피 마시는 건데
그럼 그게 무슨 커피야?!
쓴물이지!!
지금 에스프레소가
전부 쓴물 된 거지…
싸구려
입맛 같으니…

내가 출출하고
기력 딸릴 때 요기도 되면서
기력도 보충할 수 있는
우리 선조들의 지혜,
전통커피를 선보여주도록 하지.
전통커피는 또
어느 나라 말이여
동아리방 구석의
냉장고!!
신선한 날달걀을
하나 꺼낸다!
계란…?
?
설탕 둘 프림 둘의 황금
비율로 탄 따뜻한 커피에…!!
달걀노른자를 투하!!

완성!! 이것이 바로 모닝커피!!
까만 커피 위에 마치 보름달이 뜬 것 같은
이 아름다운 자태!!
왓 더 f…
신성
모독이다
커피의 달달함과 달걀노른자의 고소함이
합쳐져서 속까지 든든해지지!!
아침식사 대용으로도 제격!!
커피의 향을 즐기면서
달걀노른자를 꿀떡!

어때…
한번 마셔볼 텨?
츄라이, 츄라이!!
노… 노 땡큐…

박하선

한티대학교 환경과학 연구원, 랩순이

"…왜 그렇게 천연 소재에 집착을 하시는 거죠?"

힘겨운 대학원생의 초상이라고 할 수 있는 캐릭터 '박하선'입니다. 첫 등장에서부터 짙은 다크서클을 드리운 눈매가 안쓰럽습니다. 이 만화에서 고혜람과 더불어 어마어마하게 설명을 많이 하는 역할을 맡고 있습니다. 하지만 유사과학적 지식에 대하여 고혜람처럼 밖으로 마구 분노를 쏟아내기보다는 마음속으로 삭이는 성격입니다(혈액형이 A형이라서 그런 건 아닙니다!).

잡상인

행복 전도사, 문·이과 통합형 인재

"소비자들이 원하는 건 간단히 실행할 수 있는 해결책과 알기 쉬운 악역일 뿐이야!"

요즘 광고나 건강 프로그램 등을 보면 '항산화'니 '음이온'이니 뭔가 효능 한 가지씩 안 달린 제품이 없고, 하다못해 락스도 '천연' 운운하는 시대입니다. 그중에는 근거가 희박하고 실제로 효과가 있는지도 의심스러운 '유사과학'에 가까운 것들도 범람하고 있는데요. 어째서 그렇게 되었는지에 초점을 맞추어 처음 만들어진 캐릭터가 바로 이 '잡상인'입니다. 마케팅에 관한 해박한 지식을 가진 덕분에, 이 만화가 과학 만화인지 경영학 만화인지 헷갈리게 만들곤 합니다.

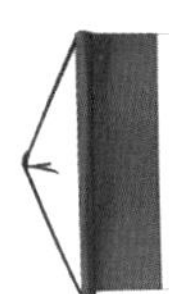

유사과학 탐구영역

16. 글루텐 프리

이 만화는 특정 기업이나 상품을 특정하여 서술하거나 묘사하지 않습니다.

아니…?!
?

…!!
열심히 하는 학생들이로군.
아주 보기 좋아…

그나저나 자네는 용케 아직 살아 있구만.
효소액인지 발효액인지 그것 덕분에…
아주 신세 많이 졌습니다?

…오늘은 또 학교 앞에서 무슨 장사를 하시려고 와 계신 거죠?

장사를 하려고 한다? 천만에! 벌써 장사는 다 했다고! 정리해서 돌아가려는 참일세.
…많이 버셔서 좋으시겠습니다.

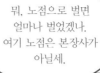

뭐, 노점으로 벌면 얼마나 벌었겠나. 여기 노점은 본장사가 아닐세.
?
그러면요…?

요즘 같은 IT시대에 장사는 인터넷 쇼핑몰이지!
우리 사무실에 젊은 친구들 몇 명 두고 인터넷에서 쇼핑몰 운영하고 있거든… 여기 이거 매출량 좀 보게나.
…
올
매출량…
그렇게 잘나가시는데 왜 굳이 이렇게 노점 같은 걸 차려서 힘들게 나오신데요?
자네 혈압 어디까지 올라가지는가 궁금해서
……

장사의 기본은 고객이야.
고객이 원하는 것,
고객이 듣고 싶어 하는 것을
파악하는 게 가장 중요하지.
이런 건 현장에서
직접 사람을 만나면서
파악하지 않으면 제대로 된
니즈를 파악할 수 없다네.
굳이 점포를 내지 않고 여기저기
노점으로 돌아다니면 더 많은
소비자들의 동향을
파악할 수 있지.
…
내가 누누이 말했지만
'사실이냐 거짓이냐', 그것은
소비자들이 추구하는 게 아니야.
에어컨 환풍기에
풍력발전기를 달자는
기획이 과학우수상을 타거나
지하철 환풍구에 풍력발전기를
달아서 전기를 회수하자는 사업이
실제로 이루어지는 걸 보면
알 수 있잖나?
열 배출(냉방)은
열 배출대로 안 되고
전기는 전기대로
제대로 회수가 안 된다.
환기는 환기대로 안 되고
전기는 전기대로
의미 없는 양의 발전만이
이루어진다.
실제로 되는지
안 되는지는 전혀
고려 대상이 아니라고.

뭐… 아무튼 맨날
가져오시는 걸 보면
건강이 어쩌고 천연물이
어쩌고…
매번 거의 레퍼토리가
'인공·합성'은 나쁘니까
천연물인 제품을 사세요!'
이건데
횟집에서
회를 시켜 먹어도
그것보단 익혀 먹겠네!
그 패턴 하나로
너무 날로 먹는 것
아닙니까?
자네는…
나의 장사를
오해하고 있군.
?
천연물이라고
내가 손을 못 댈 것 같은가?
이번 상품은 이거였는데
한번 보게나.
글루텐이
왜…?
글루텐 프리
건강식품!
소화장애, 아토

글루텐은
밀가루에 들어 있는 단백질인데,
이 단백질이 글루텐불내증을
유발해 소화도 방해하고 속도
더부룩하게 만들고

엑소르핀을 생성해
탄수화물 중독도 유발하고
아토피도 유발하고 아주
사악한 물질이었던 거야.

그러니 글루텐이 들어가지 않은
글루텐 프리 식품을 먹어야
건강을 지키고 탄수화물 중독에서
탈출해 날씬해지기까지 할 수 있다네!

……

아니…
글루텐에 거부반응을 보이는
셀리악병은

글루텐 단백질을 항원으로 인식해
일어나는 자가면역질환이고,
엄청 희귀한 유전병인데.

지금까지 우리나라에선
한 건이 보고되어 있다.
만성적인 장염 및
소화불량과 함께 골다공증,
빈혈 등 다양한 합병증이
나타난다.

엑소르핀은 글루텐뿐 아니라
우유, 쌀, 각종 채소에서도
생성되는 데다가 이게 딱히
중독을 유발하는 물질도 아니고
글루텐이 아토피를 유발한다니
그럼 벌써 아토피의
유발 원인이 명확하게
밝혀지기라도 했단 말인가?!
…그것 보게나.
자넨 아직도 사람들의
마음을 몰라.
그렇게 일일이 근거를 들어가며
반박을 한다손 쳐도,
누가 그걸 귀 기울여 듣고
할 것 같은가?
소비자들이 원하는 건
이런 거라고.
?

원하는 것은 간단히 실행할 수 있는 해결책과 알기 쉬운 악역일 뿐이야!
그렇게 해서 건강해지고 있다…는 기분을 체험할 수 있다면 안심할 수 있지! 글루텐이라는 잘 알 수 없는 사악한 물질이 원인이고, 글루텐 프리 식품으로 바꾸기만 하면 건강해질 수 있다! 그런 걸 원하는 거라고!

나라면 거기에 그치지 않고 애국심까지 충족시키도록 하겠지. 우리 한민족은 원래 쌀을 주식으로 하는 민족이었기 때문에 밀가루의 글루텐이 맞지 않는다….
밀가루 중심의 사악한 서양식 식단이 아닌, 글루텐 프리의 건강한 전통 식단을 유지하면 건강해질 수 있다!!
뭐, 우리 전통의 냉면이나 온면 같은 국수류, 약과 같은 유과류, 교자, 만두, 구절판 같은 전통음식들은 밀가루와 글루텐이 들어갔으니까 사악한 서양에서 전래된 음식으로 몰고 가면 되겠지.

……
제정신인가

즉, 천연이니 합성이니 하는 것도 결국 수단일 뿐이야.

중요한 것은
'알기 쉬운 악역'과 '간편하게
상품을 구매하는 것만으로
실행 가능한 대안'이라는 것일세.
천연, 합성은 그 구도에
끼워 맞추기 쉬운
소재 중 하나일 뿐이고.

?!

…생각해 보면 글루텐이야말로
우리 인류가 오랫동안 섭취해왔고
문제 없었던 천연물질인데

그게 이렇게 한순간에
여러 현대병을 유발하는
두려운 화학물질로
변해버리는군….

유당불내증이 셀리악병보다
수십 배는 더 흔한
질병일 텐데 유당은
왜 안 무서워하지?

알겠나?
글루텐이 어떤 물질인지
소비자들은 전혀 관심이 없다는 말일세.

글루텐뿐 아니라,
우유 단백질도 누명을
쓴 적이 있지.
'카세인 같은 화학 합성물이 아닌
순수한 우유를 넣어서 만든 커피'라는
광고가 얼마 전까지 있었으니.
문제는 우유에 원래 들어 있는
우유 단백질이 바로
카세인이라는 건데…
모유에도 똑같이
카세인이 들어 있으니까
사악한 합성 화학물질인
모유를 먹이지 말고
우리 회사 분유를 먹여야
한다네.
…
근데 거기에도
카세인이 들어 있어.
정말로 그냥 전문용어로
그 대상을 지칭하기만 하면
그건 천연, 인공 관계없이
그냥 무언가 낯설고
두려운 물질이 되는 거였어….

그리고 그것을 이용하는 게
바로 마케팅…
…그런 건가…
알겠는가? 사람들이 진정으로
원하는 것은 진실이 아니라
입맛에 맞게 가공된
이미지라는 것이라네.
그래…
그런 거였어…
이제야 뭘 좀
아는 모양이군.
…

이걸…

이런 구도를
어디서 본 것
같은데…
지식의 어두운 면을
활용하도록 하게…
으아아아!!
안 돼!!
언니, 정신 차리세요!
저런 흰소리에 넘어가면 안 돼요!!
다크사이드에
빠지면 안 돼요!!
#
디 디 힛끼었이…

어쨌거나 희한하게
빵만 먹으면 속이
더부룩하고 불편한
사람이 많이 있다.

기본적으로 우리가 먹는 녹말은 포도당 분자끼리 뭉쳐 있는 다당류인데, 이게 워낙 단단하게 뭉쳐 있어서 그냥 먹기엔 영 좋지도 않거니와 소화도 잘되지 않는다.

그래서 밥을 지어 먹거나 가루를 내어 반죽해서 먹는 등의 조리 과정을 거치게 된다. 녹말은 물과 함께 가열하면 분자구조가 느슨해져서 먹기도 좋고 소화도 쉬운 상태가 되는데 이를 호화 상태라고 한다. 생쌀과 지어진 밥의 밥알을 비교해보면 쉽게 이해할 수 있다.

밀가루나 쌀가루를 이용해 만드는
빵이나 떡, 면 등은 아무래도
호화 정도나 수분 함량 등이
밥에 비해서 낮기 때문에
밥보다 소화하기가 좀더 힘들다.

그래서 빵이나 떡 등이 안 맞는
사람들도 있고, 그렇지 않은
사람들도 감기가 드는 등
몸 상태가 안 좋아지면 이런
음식들을 잘 소화하지 못해
소화불량이 오는 경우가 있다.

※글루텐은 별 관계가 없다.

반대로 밥알이 완전히 풀어질 정도로
푹 끓인 죽은 충분히 분자구조가 깨져 있어
소화하기가 몹시 쉽기 때문에
환자식으로도 많이 쓰인다.

소화가 너무 쉬워서 배도 금방 꺼지는 게 함정.

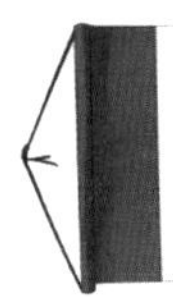

유사과학 탐구영역

17. 전자레인지의 공포

이 만화는 특정 기업이나 상품을 특정하여 서술하거나 묘사하지 않습니다.

오늘은 커피가 아니네?

응…

왠지 어제부터 몸이 나른하고 으슬으슬하고…

이럴 땐 뜨끈한 쌍화탕이 최고지.

좀 뎁혀주세요.

…'덥혀'나 '데워'가 맞는 표현입니다.

천이백 원입니다.

국어교육과임?

?

앗— 전자레인지로
데우려고 그러지!
야야 그만둬,
그냥 차갑게 먹는 게
백 배 낫다.
…?
전자레인지로
데워 먹느니…

…무슨 소리야?
전자레인지는 전자파를 이용해
음식 분자를 마구 뒤흔들어서
억지로 뜨겁게 만드는
인위적인 가열기구이기 때문에
음식을 화나게 만들어서
결과적으로 몸에 안 좋게
만든다구!

…우황청심환
있나요?

…의약품은
약국으로 가셔야죠.

니가 지금
드시는 건 뭐임요?

…

부시럭

우황청심환.

없대매.

개인 상비품입니다.

편의점 알바 하다보면
별꼴 다 봐야 되거든.

그거 하나
팔아주면
안 되나요?
어쨌거나
의약품을 개인
거래하면 안 되죠.
거기다 편의점 점원이
손님에게 의약품을 팔았다?
큰일나죠.

…
개인 간에
의약품
거래를 하면…

외않되요?
소곤
쿠헉
…!!

흥…
끄르르…
부들부들

…전자레인지로 데우면
왜 안 된다고?

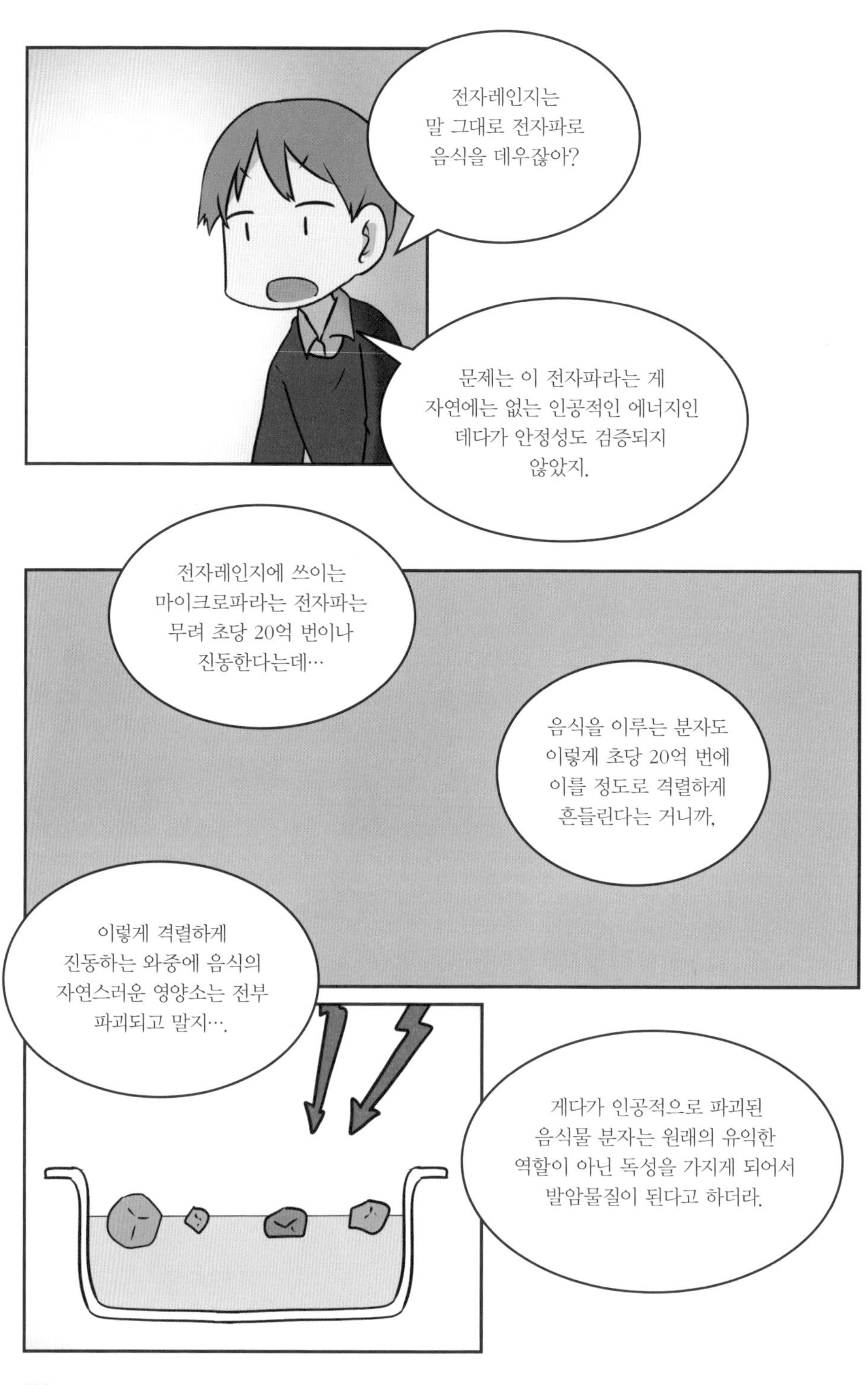

전자레인지는
말 그대로 전자파로
음식을 데우잖아?
문제는 이 전자파라는 게
자연에는 없는 인공적인 에너지인
데다가 안정성도 검증되지
않았지.
전자레인지에 쓰이는
마이크로파라는 전자파는
무려 초당 20억 번이나
진동한다는데…
음식을 이루는 분자도
이렇게 초당 20억 번에
이를 정도로 격렬하게
흔들린다는 거니까,
이렇게 격렬하게
진동하는 와중에 음식의
자연스러운 영양소는 전부
파괴되고 말지….
게다가 인공적으로 파괴된
음식물 분자는 원래의 유익한
역할이 아닌 독성을 가지게 되어서
발암물질이 된다고 하더라.

전자레인지로 가열한 음식을 먹으면 핏속의 헤모글로빈이 감소하고,
뇌세포를 파괴하고 면역력을 약화시키고 정서불안을 야기하고, 게다가 음식에 남은 전자파가 새어나와서 몸을 직접 손상시킨대!!
얼마나 유독한가 하면 전자레인지로 데운 물을 식물 화분에 뿌리면 식물이 며칠 못 가서 말라죽고 만다더라!
…
에구~ 무상지독이 따로 없구먼.
…
?
재 저러는 것도 영감님 작품입니까?
?
무슨 소리인가?

돈도 안 되는 괴담을
내가 뭐하러 떠벌리고 다니겠는가?
이것 참 억울하네~
…
…좋아, 전자레인지가
마이크로파를 이용해 온도를
올리는 건 사실이야.
그렇지?
그리고 뭐, 그래.
전자레인지에 쓰이는 마이크로파
진동수가 초당 20억 회쯤 되는 거,
그것도 맞는 말이야.
그걸 굳이
왜 들먹이는지는
모르겠는데.
공포심 조장이 목적인가?

근데 보통 몸에 좋다고
찬양해 마지않는 원적외선이
그 천 배~만 배 가량,
우리가 눈으로 보는
가시광선은 대략 10만 배 정도의
진동수를 갖고 있는데.
…!!
그래?
그럼 엄청
위험한 것 아닌가?
오냐, 그러니 내가 안전하게
빛을 완벽하게 차단하는
오동나무 관에 넣어다가
땅속에 콱 파묻어줄게.
아무튼 굳이 그 파장대의
마이크로파가 쓰이는 이유는 물 분자와
잘 공명하기 때문이고,
물 분자를
진동시켜 온도를 올린다는 것도
맞는 말이야.

열이라는 것 자체가
분자의 회전, 진동 같은 내부 에너지의 흐름을
말하니까. 전자레인지로 가열을 하건
가스레인지로 가열을 하건 끝내주는 물갈나무
참숯으로 가열을 하건 간에
음식의 분자가 진동을 하게 되는 건
똑같지.

그런데 전자레인지는
물의 가열을 이용하기 때문에
음식의 온도가 섭씨 100도
이상으로는 안 올라가는데,

음식을 심하게 변화시키는 건
오히려 온도가 훨씬 높이
올라가는 불을
이용한 가열 방식이지.

고기 같은 음식 재료들이 구웠을 때
풍미가 변하고 맛있어지는 이유가

마야르 반응에 의한 아미노산 변성,
지방의 분해, 캐러멜라이즈 같은
분자반응들에 의한 건데, 전자레인지로는 온도를
100도 이상으로 올릴 수 없기 때문에
그런 반응을 기대하기 힘들지.

오히려 직접 불에 굽거나 하는
프라이팬, 오븐을 이용한 조리 방식이
조리 과정에서 나는 연기라든가 하는 면에서
발암물질 관련해서는 훨씬 위험한데.

왜 그걸 도리어
전자레인지에 갖다
씌우는지 도통 모르겠다.

그게 전자레인지가
가열기구로는 우수하지만 조리기구로서는
약한 이유이기도 합니다.

하다못해 햄 하나를 먹는다 쳐도
프라이팬에 구운 거랑
전자레인지에 데운 거랑
맛이 천지 차이지요.

그리고…
뭐?
음식에서 새어나오는
전자파…?

음식에서 다시
전자파가 새어나온다니…
전자레인지에서 방사선이라도
내뿜는대니?

야, 그러면 어디
감자 같은 거 전자레인지로
잔뜩 돌린 다음 뿌리면 그건
방사능 테러냐?

그런
방법이…?
솔깃

말하자면 음식물의
변화를 제일 덜 일으키면서
조리 과정에서 연기 같은
발암 유발원인도
만들어내지 않고,

이산화탄소도
배출하지 않는 가장
친환경적*이고 안전한 가열기구가
오히려 전자레인지인 거여!

강력한 에너지를 투사해 들뜬상태가 된 원자가
다시 안정된 상태로 돌아가며 내놓는 에너지가
방사선이다. 물론 이런 현상은 전자레인지의
마이크로파 에너지로는 어림도 없다.

*전기 자체를
만들 때의 공해를
고려하지 않는다면.

그리고…
전자레인지로 데운 물을 식물에 뿌리면 식물이 죽더라고?
일단 기본적으로 데운 다음 완전히 식힌 물이라면 전자레인지로 데운 물이라고 식물이 죽지도 않고, 죽을 이유도 없거니와,
만약에 50도가 넘는 뜨거운 물을 그대로 식물에다 부었다면 당연히 뿌리가 익어서 기능을 못하게 될 테니 말라죽는 건 당연한 일이지.
그건 전자레인지로 데운 물이건 전통 방식으로 만들어진 끝내주는 참숯으로 끓인 물이건 간에 똑같이 말라죽는다고.
그리고 또 전자파가 음식의 자연스러운 영양소를 파괴한다고 하는데, 말했듯이 전자레인지의 전자파에 무슨 분해 능력 따위는 있지도 않은 데다가, 설령 있다고 하면 전자레인지 안에서 물이 분해되어봤자 수소랑 산소로 분해될 수밖에 없는데,
그렇군….
그럼 그건 유독물질이 어쩌고 하기 이전에 대폭발이여!! 영양소 잡기 이전에 사람을 먼저 잡겠네!

애당초 네가 말하는
그 괴담은 이미 전자레인지
처음 나왔던 1950년대에 미국에서
잠깐 돌고 말았던 괴담인데…
…
그걸 반세기 뒤인
지금에 와서
주워섬기고 있냐?
그건 말이죠…
저 남자분께서
A형이라서.
A형은 다소 과거에
연연하는 경향이 있기 때문에
과거의 이야기에 다시
영향을 받기 쉽거든요.
혈액형…?

…아니?
표정이 왜
그 모양이죠.

조금이라도 틀린 걸
지적하지 않으면 안 되시는 데다가
쉽게 흥분하시는 걸 보면

B형이신가?

피슉 —

재미로 보는 혈액형별 성격!

유사과학에 주의하세요!

A형: 세심하고 풍부한 감수성을 지닌 당신!
하지만 마음의 상처를 쉽게 입기도 해요.

B형: 올곧고 다부진 성격! 혜람 언니가 딱 B형이에요.

O형: 털털하고 활동적이에요. 섬세하지 못한 게 단점!

AB형: 예리하고 합리적이지만
가끔은 무슨 생각을 하는지 모를 4차원이에요.

잠깐!

그런데 여기서는 ABO혈액형만 이야기하지만…
사실 혈액형의 종류는 훨씬 다양합니다.
Rh혈액형, 바디바바디바, 밀텐버거 등 수백 가지가 있죠.
'혈액형별 성격'이라고 하면서 이런 것들은
왜 이야기하지 않는 걸까요?

ABO로만 구분하면
세상에 성격이 네 가지밖에 없는 건가.

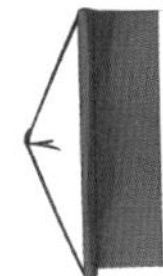

유사과학 탐구영역

18. 한국형 유산균

이 만화는 특정 기업이나 상품을 특정하여 서술하거나 묘사하지 않습니다.

으~ 오늘 하루도 어떻게 끝났군.
하지만 이렇게 홀가분하게 학교에서 나오다보면 이쯤 해서…

뭔가 또 희한한 걸 들고 와서 확 뒤집어놓고 그러겠지?
이젠 슬슬 알 것 같아…
앗, 언니! 지금 들어가는 중이세요?

…그래. 거두절미하고 또 뭐 희한한 거 들고 다니는 모양인데. 또 뭐니?

유산균이요!

?

유산균…?

뭐 요구르트라도 만들게?

우리 몸은 수많은 생명들과의 조화로 이루어져 있잖아요?

그중에서도 유산균은 특히 소화활동 보조, 유해균 억제,

비만 억제, 콜레스테롤 감소, 항암 효과, 면역력 증강,

내공증진, 절맥타통, 환골탈태, 반로환동, 불로불사, 우화등선 등등의 효과가 있대요!

그럼 벌써 인류 수명과 건강의 문제는 완전히 해결되었겠구나.

발효식품은… 유산균도 유산균이지만 그 유산균의 발효 부산물 때문에 먹는 건데, 그건 왜 다 쏙 빼놓고 유산균만 섭취하나…?

그냥 요구르트나 김치, 절임 같은 걸 먹는 게 안 낫나?

그냥 요구르트 작은 거
한 병만 먹어도 65밀리리터에
유산균이 6억 5천만 마린데.
아무 유산균이나
먹어도 되는 게 아니에요!
'좋은 유산균'을
먹어야죠!
거기 들어 있는 건 특허 받은
'식물성 유산균'이거든요!!
동물성 유산균보다 훨씬 좋죠!
또, 또 시작이여…
그놈의 악의 축 동물성과
절대선 식물성 타령.
넌 그러면…
그럼~
식물성이 더
좋은 건
상식이지!

우리 몸에
유산균…

아주 중요하지.

김치 국물 한 숟가락에도
수천만 마리,
요구르트 한 병에도
수십억 마리 들었지만,

1밀리리터당
대략 천만 마리
이상

그래도 우리 제품을
사 먹어야만 한다네.

…요새
저한테는 아주
솔직하시네요.

아니 애당초,
장 내부에 형성된
미생물 생태계에
세균이 유산균 하나만 사는 것도
아니고 주요 30종,
도합 500종이나 되는 데다가,
그 수많은 세균들이
알아서 번식하고 분열하면서
균형을 유지하고
있잖아요.
따로 유산균을 대량으로
섭취해봤자 일시적으로 비율이
늘어날 뿐 금세 원래 '자연스럽게
형성된' 비율로 돌아오고.

뭔가 항생제 치료를
오랫동안 받았다거나 아니면 지독한
설사 등으로 인해 장내세균 총 비율이
무너졌을 때야 따로 섭취해서
보충해주는 게 의미를 가지겠지만,
보통 상황에서는 따로 섭취를
안 해도 알아서 분열·번식하다보니
머물 자리가 없어서 변을 통해
배출되는 것만 하루에도 수백억 마리,
대변 무게의 20~40퍼센트가 그
세균의 무게일 정도인데 왜 굳이 유산균
발효식품도 아니고 유산균만
따로 섭취를 하는지….

…

아니, 거기다
유산균을 식물성, 동물성
나누는 것도 의미불명인데요.
최초에 인체에 정착하는 유산균은
아기가 분만 과정에서 접하게 되는 산모의
산도(産道)에 서식하는 질 유산균이고,

엄마가 사람이니까
그럼 그 유산균도
(굳이 나누자면)
동물성이지.

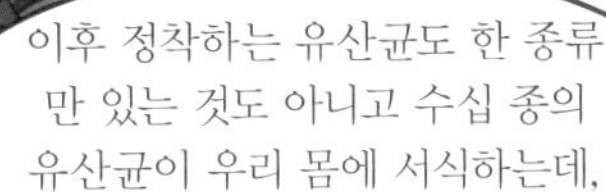
이후 정착하는 유산균도 한 종류
만 있는 것도 아니고 수십 종의
유산균이 우리 몸에 서식하는데,
그걸 굳이 먹어서 섭취하겠다면
그 비율에 맞게 골고루 전부 섭취하
는 게 합리적이겠죠.*

?

무슨 말을
하고 있는 건지
알겠니?
아뇨…

*사실 이 때문에 대부분의 분말 유산균 제품은
(특정 유산균을 강조한 제품이라도)
구성 유산균을 골고루 포함하고 있다.

쉽게 생각하자꾸나.
건강에 고기가 좋겠니,
채소가 좋겠니?
채소요!
그럼 아무 유산균이나
먹으면 되겠니? 식물성 유산균을
먹어야 한단다.
그렇구나!
…

모든 열량을
고기로만 섭취하고

주로 말과 양의 젖을
발효시켜 먹는 유목민족들은
동물성 유산균만 섭취하는데
그럼 그들은 어떻게 됩니까?

그런 유목민족들에게 주요 비타민 공급원은 차(茶)이며, 그렇기 때문에 유목민족들에게 차는 기호품을 떠나 굉장히 중요한 필수품이 되었다.

인정하게나.
우리 건강식품 업계는 수십 년에 걸쳐
무조건 식물성이 동물성보다 좋다는
인식을 공들여 쌓아왔지….

자네에게 승산은 없어.

티벳과 몽골의 유목민족들은
동물성 식품과 유산균 섭취로 인한
성인병과 암으로 앓다가 전부 죽었다!
거기는 인류가 전부 멸종했고
이제 아무도 안 사는 죽음의 땅이야!

※높은 육체노동 강도와 낮은 의료자원 접근성으로 평균수명은 한국보다 짧지만 비만, 고혈압, 당뇨 등의 성인병 질환은 훨씬 적다.

커피도 우유 대신에
'건강에 좋은 식물성' 팜유로 만든
프림 넣은 것 마시게나.

뭐요?!
이…!!

유산균 얘기가 나오길래
또 무슨 흰소리를
하고 있는가 했는데…
!

이미 한물간
구닥다리 이야기나 잔뜩
하고 있었군….
…
…?
아직도 식물성 유산균이니
동물성 유산균이니…
그렇게 해서 유산균이 팔리겠나?
영감, 댁의 마케팅은
한물간 진부한
구닥다리 마케팅이에요.
뭣…?!
요즘 최신 트렌드…
마케팅의 진수는 바로!!
인종 마케팅!!

?!
아… 아니, 언니,
지금 세상이 어느 때인데,
인종…?
큰일나요!!
?!
한국인은 야만적인 서양과 달리
오랫동안 채식을 해왔기 때문에,
섬유질을 소화하기 위해 장 길이가
서양인에 비해 90센티미터~1미터 이상 길다!
수렵, 고기 섭취 비율이 높았던 야만적인 고구려는 우리 민족이 아니다.
그래서 한국인의 장에 맞는
한국형 유산균을 섭취해야 한다!!
이 정도 마케팅은 되어야지!

아…
아니, 이보게나.
내가 저번에
이야기하지 않았나,
뻥을 쳐도
적당히 쳐야지…
어느 정도는 과학적인
근거 위에서 뻥을 쳐야
그럴듯하게 들리는 거지,
그렇게 냅다 질러버리면…
…볼까요?

들어보렴, 한국인은
서양에 비해 곡물과
채소를 많이 먹지?
그렇…지요?

그래서 고기를
주로 먹는 서양에 비해…

한국인들은 채식에
적합하게 장의 길이가
더욱 길게 변화했다더라.
오오…
한국인들의 체형이
몸통이 길고 다리가 짧은 건
그렇게 길어진 장의 길이만큼
몸통이 길어져서 그런 거래!
그러니까 한국인에게 특화된
한국형 김치 유래 유산균을
섭취해야 한단다!

그렇기에 아직 인류는 녹말은 물론 당류에조차 완벽히 적응하지 못했다.

아니, 애당초
'동양인은 채식 위주이니까 장 길이도 길 것이다' 이런 시각 자체가 한때 서구인들 사이에서 잠깐 지나간 오리엔탈리즘적인 편견에서 나왔던 것인데 함부로 들먹이는 건 문제 아닌가?!*
*혹은 제2차 세계대전 말기에 식량조차 구하기 힘들 정도로 구석에 몰린 구 일본군의 장교가 나물과 푸성귀만으로 식량을 자급하라고 했던 지시에서 유래했다고도 한다.
이 양반이 이러니까 뭔가 통쾌하다.
거기다 장 길이가 아무리 길어봐야, 어차피 인류는 식물의 녹말이 아닌 섬유질(셀룰로오스)을 소화시키지 못하지 않는가!
그 마케팅은 적당히 민족주의적 욕구도 만족시키면서 '한국인', '김치유산균' 등 팔릴만한 요소는 전부 갖추고 있어…
훌륭하고 신선한 마케팅이야!
잠깐… 아니지…
그게 먹힌다면, 자본주의 세계에서는 먹히는 것이 정의! 진실 따위는 중요한 게 아니지!
신선은 무슨! 지금 유산균은 전부 이렇게 해서 팔고 있는데! 영감이 그만큼 시대에 뒤처져 있다는 말이죠!

지난번에 저한테 했던
말에 순간 혹하긴 했지만…
어느 업계든 선두를 달리지
못한다면 금세 지위를 빼앗기고
주저앉아 말라죽을 뿐…
댁은 이미 시대에 뒤처진
퇴물이다 이겁니다!
그런 퇴물이 마케팅이
어쩌고 어째?
경쟁에 뒤처진 패자는 역사의
무대에서 사라지는 것이 법칙!!
그것이 냉엄한 자연선택의 현실!!
…
……
패배자에겐 죽음뿐!!
죽어라!!
빠지지지지지 ―
갸아아아아 ―

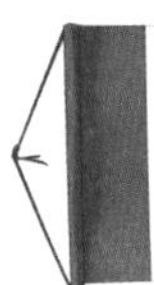

유사과학 탐구영역

19. 엽록소의 효능

ㅎ鷄卵
鷄卵

이 만화는 특정 기업이나 상품을 특정하여 서술하거나 묘사하지 않습니다.

그러니까…
여기까지가 명반응이고… 캘빈회로에서…
C3식물, C4, CAM…
이번 시험 광합성이야?

쉽네~
그거 명반응 회로랑 캘빈회로 두 개만 외우면 끝이잖아.
…그냥 광합성 하나만 외우면 훨씬 간단한 거 아닌가요?
억ㅋㅋㅋㅋㅋ 그러네
명반응 + 캘빈회로 = 광합성
안녕하세요~ 커피 배달 왔습니다~
오오!
시험 아직도 안 끝났어요?
다음 주에 전공 하나 남았거든…
광합성…? 아— 저도 이거 알아요!
이거 그거잖아요. 식물들이 하는 거!
대단하네 난 잘 모르겠는데.

그 무슨…
영양분 만드는 과정이죠?
녹말 같은 거…
빛을 받으면,
어~
이산화탄소를
흡수해서…
산소를 만들어내고…
그러는…
…
어휴 그래,
그 정도만 알아도 어디니.
우리 바람이 굉장해~
헤헤

그런 광합성 활동이
지구의 산소를 만들어내는
생명의 중심이잖아요!
따라서 그 생명활동의 중심인
엽록소 추출물을…
충분히 섭취해줘야
건강에 좋다고
그러더라구요!
…?!
이년이 깜빡이도 안 켜고
갑자기 훅 치고 들어오네!!
?!
엽록소를
왜 처먹어?!

잠깐.
…옘ㅂ
……얘기.
…이야기나
한번 들어보자.
…읊어봐.
언니께서
엽록소의 놀라운 효능에
대해 잘 모르셔서
그러는 거예요.
흐흠.
과학적인
근거도 있다구요!
이걸 보세요!
우리 핏속의 혈색소인 헤모글로빈과…
엽록소는 똑같이 4개의 고리구조가
중앙의 원소를 둘러싸고 있는
모양이죠.
Mg
Fe

차이점은 중앙의 원소가
혈색소는 철, 엽록소는 마그네슘이라는
것뿐이죠! 이렇게 흡사하기 때문에
엽록소는 우리 몸속에 들어오면
쉽게 혈색소로 바뀌기 때문에…
피를 만드는 조혈작용에
뛰어난 효능을 갖고 있대요!
그래서 '푸른 혈액'이라고도
부른다고 하네요!

혈색소가 충분해지면
그만큼 산소 운반도 좋아지기
때문에 우리 몸 구석구석에 충분한
산소를 공급할 수 있게 되지요!
게다가 우리 몸속에
공생하는 유익한 균들은
이런 산소를 좋아하기 때문에,
산소가 충분히 공급되면
해를 끼치는 나쁜 균들은
억제되고, 좋은 균들이
활성화되는 거래요!

또한 생명의 원천이기 때문에
세포 재생에 탁월한 효과가 있고,
각종 장기의 이상을 치유하고 항산화 효과도
있고… 항암 작용, 항콜레스테롤 작용,
항알레르기 작용을 한대요!

…?
…뭐하고
계세요?
운기조식.
마음의 어지러움을 다스리고
뒤틀린 기혈을 바로잡는 것이다…
주화입마를 방지하는 효능이 있습니다.
…하.
?
그래…
엽록소가…
헤모글로빈이랑 뭐이가
어드레?
구조가 비슷해…?
야, 제일 중요한 가운데 금속 원소가
다른데 뭐가 비슷하냐?! 비슷하니까 금방
헤모글로빈으로 바뀔 수 있다고?!
그럼 환경호르몬은 우리 몸속의 호르몬이랑
비슷하니까 금방 우리 호르몬으로
바뀌어서 몸에 좋겠네?

헤모글로빈…
조혈작용 원하면 철분을 섭취해야지
마그네슘 들어 있는 엽록소를 왜?
푸른 혈액이라고 그런다고?
어느 놈이 그러든?
…
나중에 수혈 받게
되었을 때 꼭 피 말고
몸에 좋은 엽록소
넣어달라 그래라.
혈색소 금속이온으로 철 대신
구리를 쓰는 동물이 있습니다.
이들의 피는 산화된 구리 이온의
색으로 인해 파란색을 띠죠.
대표적으로
투구게
엽록소랑
헤모글로빈이 전혀 관계가
없으니 산소 운반 효율이
어쩌고 하는 뒷이야기는 전부
자동적으로
헛소리가 되는데…
잠깐만,
너 저번에 유산균
어쩌고 했잖냐?
예. 우리 몸에
좋은 세균이잖아요.
걔네는 산소를 별로 안 좋아하는데?
혐기성 세균들이야. 산소 싫어하는.
그럼 네가 말한 나쁜 세균에
들어가는 거냐?

특히 김치 유산균은 발효 과정에서 산소를
이용하지 않는 혐기성 세균입니다.
김치 뚜껑 자주 여닫으면 공기가 들어가서
유산균보다 효모가 증식하기 시작하고,
그러면 쉽게 물러지고 군내가 나게 되죠.

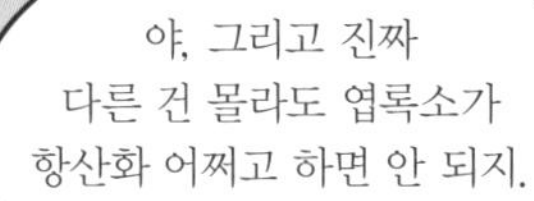

야, 그리고 진짜 다른 건 몰라도 엽록소가 항산화 어쩌고 하면 안 되지.

걔 역할이 햇빛에서 에너지 받아서 압도적인 환원력으로 수소 막 쑤셔넣고 그러면서 그거 주체 못해서 활성산소 마구 만들어내는 사고뭉치 덩어리인데.

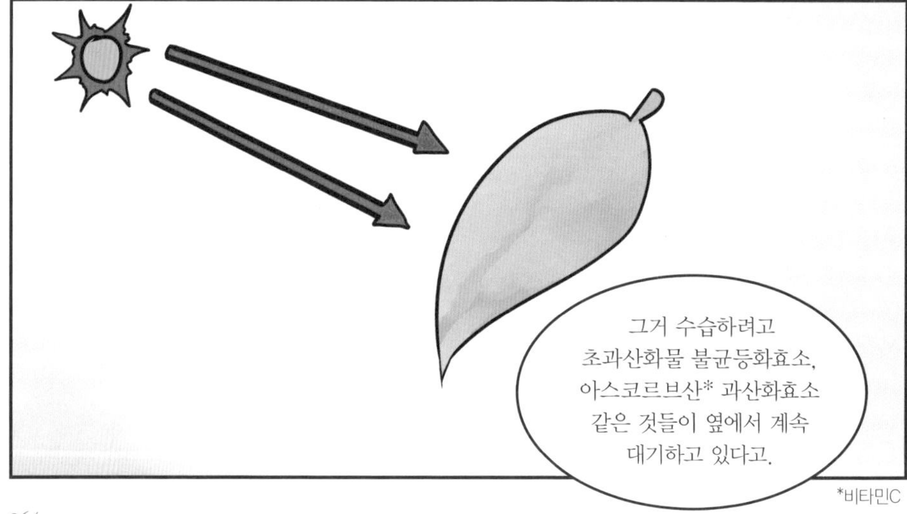

그거 수습하려고 초과산화물 불균등화효소, 아스코르브산* 과산화효소 같은 것들이 옆에서 계속 대기하고 있다고.

*비타민C

항산화랑은 전혀 관계 없는,
아니 오히려 딱 정반대에 가 있는
놈인데 웬 항산화 타령?

항산화 챙기기 위해
'비타민이 풍부한 채소나 과일을
많이 먹자' 이러는 건
건강에도 좋고 타당하지.
근데 별 쓸모도 없는
엽록소에 초점을 맞춰서
엽록소 추출물이니 뭐니 하는 건
무슨 의미가 있는 거니?
그러면서 그냥 채소나
과일 챙겨먹는 건 효과가 없으니까
자기네 농축된 제품 사다 먹어야
된다고 그러지.

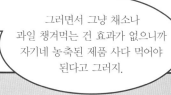

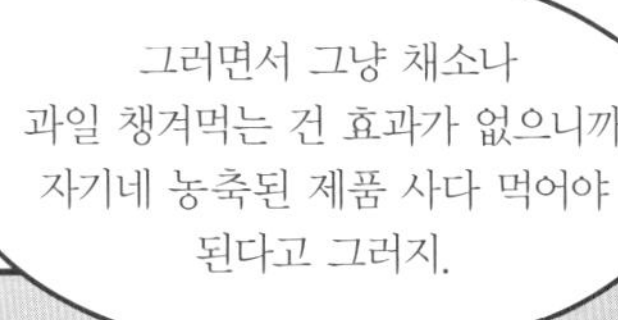
그리고,
이 마지막 부분
말인데…
세포 재생, 신체기능 활성화,
항산화…는 했구나,
항암 작용, 항알레르기, 해독 작용
이런 것들. 뭐 애네는 이제 그냥
어떤 원리다 이런 것도 없고
그냥 막 따라오네.

게다가 네가 지금껏 가져온 건강식품이란 것들 전부 그냥 토씨 하나 안 틀리고 효능이 똑같지 않냐? 이건 뭐 그냥 새 상품 나올 때마다 이전 상품 효능 돌려쓰고 그러는 거냐?
…

잠깐만… 생각해보니까 진짜 그러네. 건강식품이니 슈퍼푸드니 하는 것들 보니까 무슨 일정한 공식이 있는 것 같아.
?
흔히 우리가 접할 수 있는 알기 쉬운 과학적 근거. 그리고 왠지 그럴듯 하지만 관계 없는 것들을 갖다가 이어 붙여서 신기한 효능 만들어내기. 그리고 마지막으로 여기저기 자주 쓰이는 '전형적인 효능'을 덧붙이면 무적의 공식 되는 거 아니냐…?

AA는 BB인 것
아시죠~?
BB에는 CC한 효능이
있기 때문에 AA도 CC의 효
능이 있다는 사실!
그리고 BB에는 그것과
더불어 항산화,
항알레르기, 면역력 강화,
체질 개선…
예를 들면…
바람아!
돼지는 사람과 생물적으로
매우 비슷한 단계의 동물이기 때문에
돼지에게 사람의 장기 클론을 이식해서
기를 수 있다는 거 알지?
?
마찬가지로 돼지의 고기에는
사람의 장기로 발전할 수 있는 성분들이
포함되어 있다는 사실! 그 성분들이 농축된
돼지 근육조직은 체내 손상된 장기를
복원시켜주는 재료가 되는 데다가 항산화,
항알레르기, 면역력 강화,
어… 신체 활성화 같은 효과들이 있대!
!
…정말요?!
그렇게 좋은 줄 몰랐네!!

언니들!
오늘 고기회식하러
모이죠!
효과 직빵이네.
그르게요.

…돼지고기의
효능은?
맛이 좋아요.
반박불가

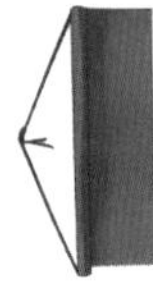

유사과학 탐구영역

20. 잡상인 비긴즈

이 만화는 특정 기업이나 상품을 특정하여 서술하거나 묘사하지 않습니다.

어렸을 적의 이야기다.
두메산골에서 태어나
자랐던 나는 중학교 때까지
산천에 파묻혀 지냈다.

이른바 '도시물'을 먹게
된 것은 고등학교 때 이사를
가면서부터였다.

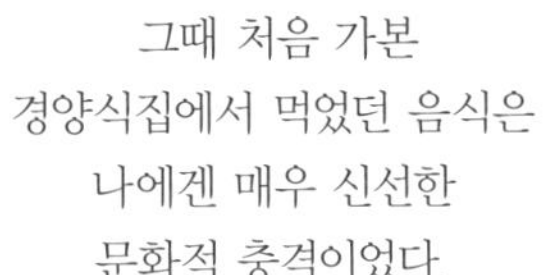
그때 처음 가본
경양식집에서 먹었던 음식은
나에겐 매우 신선한
문화적 충격이었다.

지금이야 분식집에서도
다룰 만큼 흔한 메뉴인 돈가스,
함박스테이크이지만 당시에는
제법 신기하고 고급스러운
'양식'이었다.

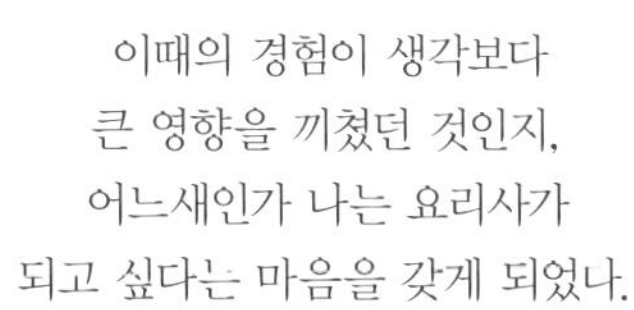
이때의 경험이 생각보다
큰 영향을 끼쳤던 것인지,
어느새인가 나는 요리사가
되고 싶다는 마음을 갖게 되었다.

다행히 셋째로 태어났던 나는
장남인 형에 비해 비교적 진로를
자유롭게 택할 수 있었기에,
무난하게 외식조리학과로
진학할 수 있었다.

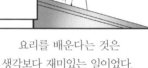

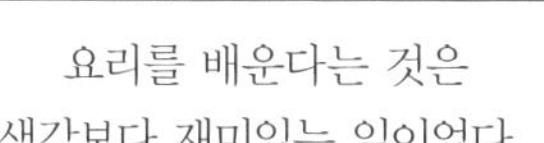
요리를 배운다는 것은
생각보다 재미있는 일이었다.

하지만 무언가, 그것만으로는
부족하다는 생각이 항상 마음 한 켠에
자리하고 있었다.
어쩌면 그건 어린 시절을 보냈던
푸른 산골과 들판을 향한
향수였을 수도 있겠고,

혹은 급격한 산업화·공업화로 인해
일어나는 부작용이 서서히 체감되기 시작했기
때문일 수도 있겠다.

당시 신문에는 하루가 멀다 하고
여러 가지 공해로 인한 사건들이
보도되거나,

가을에도 스모그로
'파란 하늘' 없어져

미나마타병 원인
산업폐기물로 인한
수은 축적으로 밝혀져

그 공해가 스모그, 매연 등의
형태로 체감될 정도로 생활환경에
영향이 오기 시작했으니까 말이다.

정부도
공해에 의한 환경문제를
인식하기 시작했고
그와 함께 중요한 국민적
화두로 떠올랐던 게
'건강'이었다.

건강도 챙기고 사람들을
도울 수 있는 요리사…
그런 사람이 되고 싶다는
마음을 먹은 것도
그즈음이었다.

영양학, 생리학…
그런 전공 서적들을 독학하기도
했고 식품영양학과의 강의를
도강도 하고 다녔다.

필수영양소, 비타민과 무기질,
각 영양소의 흡수 및 처리 과정…

그렇게 공부를 해가면서
점점 명확해지는 하나의
단어가 있었다.
그것은 '과유불급'.

이전 시대에 음식으로 인한 문제는
비타민이나 무기질 부족… 그런
결핍증이 주류였다면,
풍요와 포식의 시대에는
과잉 섭취가 문제라는 것이었다.

지나친 당분 섭취, 짜고 기름진 음식으로
인한 염분과 칼로리의 과다 섭취,
이로 인한 대사장애, 비만…
해결법도 비교적 명확하게 보였다.
칼로리 섭취 제한, 부족하기 쉬운 비타민,
무기질, 섬유질을 보충할 것 등등.

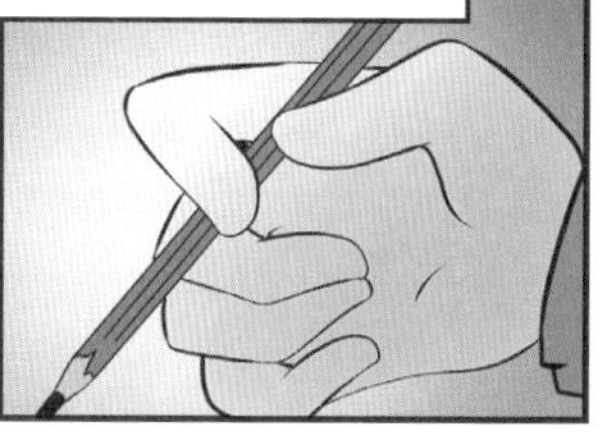

하지만 그걸
식당에 어떻게
적용할 것인가?

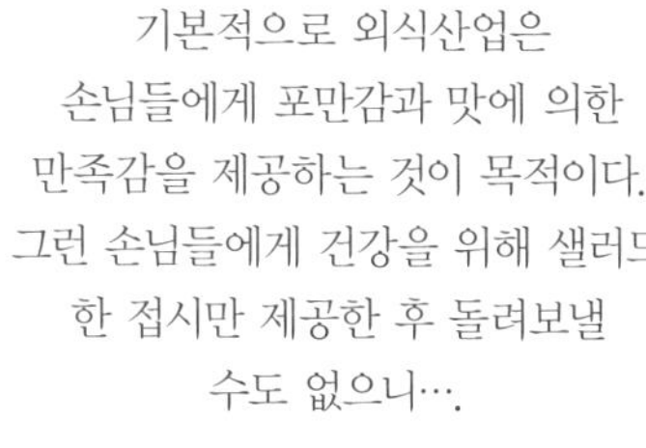

기본적으로 외식산업은
손님들에게 포만감과 맛에 의한
만족감을 제공하는 것이 목적이다.
그런 손님들에게 건강을 위해 샐러드
한 접시만 제공한 후 돌려보낼
수도 없으니….

어쨌든 그 시대에
그런 생각을 나만 한 것은 아니었는지,
건강을 콘셉트로 내세운
레스토랑들이 우후죽순
생겨나던 것도 그 시기였다.

'웰빙 붐'이 찾아왔던 것이다.

졸업은 했지만 새내기 신참 요리사가
식당을 개업할 자금도 노하우도
없었기에, 일단은 요리사 일자리를
알아봐야 했다.

아직까지 건강이라는 테마를 식당에
어떻게 적용해야 할지 만족스러운
답도 찾지 못한 상태였고.

그때, 마침
굉장히 잘나가던
건강식 레스토랑의
구인 광고가 눈에
띄었던 것이다.

당시로서는 굉장히 유명하고 잘나가는
레스토랑이었다. 그곳에서 일한다는
것 자체로 요리사에게는 제법
자부심을 느낄 수 있을 법한 곳.

거기다가 아직 나는 답을 찾지 못한
'건강'을 테마로 내세운 레스토랑….
하지만 그런 레스토랑에서 나 같은
경력도 없는 햇병아리를 써줄 것인가…
어쨌든 밑져야 본전이니
신청서를 보내보았다.

채용됐다.
본전에서 한 열 배쯤 남겨먹은 기분인데…
첫 요리사로서의 일은 정말 고되고 힘들었다. 조리학과에서 배웠던 기술, 지식 등은 모조리 현장에서 다시 태어나지 않으면 안 되는 것들뿐이었다.
하지만 그만큼 급료와 대우도 만족스러웠고 나 자신의 요리사로서의 실력도 부쩍부쩍 늘어갔으며, 무엇보다도 일 자체가 너무 즐거웠다.

그렇지만 그런 와중에도 무언가 한 가지 의문이 항상 구석에 자리잡고 있었다.

과연 이 식당의 요리들이 '건강'을 가장 훌륭하게 표현하고 있는가 하는 것이었다.

어쨌거나 당시에는 제법 위상을 가진 건강식 레스토랑이었다.

내점하는 고객들도
모두들 만족하고,

매출이 식당의
모든 지표라고 한다면
이곳은 건강식 레스토랑으로서
만점이라고 할 수 있을 것이다.

그러나 이곳에서는
야채가 주를 이루는
요리라 하더라도

여전히 적지 않은 버터와 염분이 쓰이고 있고, 많은 양의
올리브 기름과 치즈, 그리고 육수에도 진한 맛을 내기 위해
상당한 지방분이 포함되어 있었다.

올리브 기름이 몸에 좋다고는 해도 어디까지나 식용유로서
'비교적' 좋은 것이고, 진한 맛을 내기 위해 이 정도의 양이
사용된다면 결국 섭취하게 되는 칼로리는 부담스러운 수준이다.

무설탕 디저트…
설탕 대신 자연에서 채취한
메이플 시럽과 꿀을 사용한다.

그러나 메이플 시럽도 결국
설탕 시럽이고 꿀은 꿀벌이 분해한
액상과당일 뿐이다.
설탕에 비해 장점이라고는
그 독특하고 향기로운 풍미뿐이다.

과연 이 요리들이
'건강식당'의
정답인 걸까?

아무튼 그렇게
시간은 흘러…
그래, 이번 달에
떠난다고?
예, 그동안
감사했습니다.
이제 제법 주방도 많이 안정되었고…
후임 조리사들도 계속해서 들어오고
교육도 잘 진행되고 있으니
별 문제 없을 겁니다.
그래…
자네 들어온 지도 벌써
6년이나 되었군그래.
그동안 애 많이 썼네.
나가서는 어떻게 할 텐가?
이제 슬슬 독립해서
자기 가게 정도는
내도 될 것 같은데.

예…
아, 떠나는 마당에
질문 하나 드려도
괜찮겠습니까?
?
물어보게나.
감사합니다.
그럼…
제가 처음에 이 레스토랑에 지원했던 동기가 '건강'이라는 테마를 식당에서 어떻게 다룰 수 있느냐, 그것이 궁금했기 때문인데… 아, 물론 식재료도 믿을 수 있는 공급처에서 신경 써서 공급받고, 영양 밸런스도 균형 있게 잡힌 것은 알고 있습니다만,
역시 아무래도 고칼로리, 염분, 그리고 자극적인 맛… 이런 것들에 가려서 최종적으로는 건강이라는 테마가 충분히 살아나지 못하고 있는 것 아닌가…
즉, '건강'이라는 테마는 그냥 간판뿐이고 요리는 결국 여타 레스토랑과 다를 바 없지 않은가?
아, 아뇨…
그렇게까진…
아니… 예.
…후후.

음식으로…
영양 밸런스를 맞추고 건강을 유지한다.
참 좋은 생각이지.
하지만 식이요법이라는 건
어떻게 해야 되는 거지?
예… 그야 필요 칼로리나
영양분을 계산해서 꾸준히
그 식단을 유지하는 거죠.
우리가 그런 건강식을
제공한다 치고, 자네는 손님들께서
삼시 세끼를 우리 식당에서만
드시라고 할 수 있는가?
어…
어렵겠지요.
그렇지.
특히 우리같이 가격이
좀 되는 가게들은 대부분…
가끔씩 특식 먹을 기분으로
찾아오시는 손님들이
대부분이지.
특식인 이상 그만한
만족감을 제공해야만 한다네.
단 건 달고, 짠 것은 짜고
복잡미묘한 풍미로
입맛을 사로잡아야 하지.
그러려면 결국 어느 정도는 기름지고
자극적인 맛이 될 수밖에는 없었네.
할 수 있는 건 최소한 버터를 올리브유로 대체하거나
설탕을 꿀이나 메이플 시럽 같은…
좀더 건강하거나 최소한 건강해 보이는 식재료와
연출에 의지할 수밖에 없었지.

설령 우리가 최대한
기름과 염분을 억제한 건강식을
내놓는다 해도
손님이 돌아가 그 다음날
집에서 마음껏 기름진 음식을
먹게 된다면 그 건강식에 어떤 의미가
있겠는가?
'어젠 건강한 거 먹었으니까!' 하면서.
나 역시 아직
해답은 찾지 못했기에…
이런 식으로 어쨌거나
외식의 기본에 충실하면서…
그래, 건강을
연출하고 있을 뿐이지.
…
자네도 이제 나가서 건강을
주제로 한 식당을 한다고 했지?
자네는 그 해답을 찾을 수
있었으면 좋겠구만.
우린 이제 규모가
우리를 끌고 가는 지경이라
어떻게 할 수가 없거든. 핫핫핫
그렇게 독립한 나는
도시 근처 한적한 곳에
나 자신의 가게를 얻었다.
서서히 1가구 1승용차가 보편화되고
있었고, 그에 따라 복잡하고
비싼 도심지가 아니더라도 어느 정도
손님들이 찾아줄 수 있었기 때문이다.
결과적으로…

곤란한데…

가게는 아주 망하지도 않았지만
그렇다고 만족스러울 정도로
경영되지도 않았다.
건강을 전면적으로 내세운 개점
초기에는 그럭저럭 많은 사람들이
시내에서 찾아왔지만,

이윽고 시간이 지나자 근처
농촌 사람들이 가끔씩 외식 차원에서
찾아오거나 혹은 가까운 베드타운의
아파트 사람들이 가끔씩 들르는
것으로 근근이 꾸려나갈 수밖에
없었다.

참 심심한
음식이로구먼!
예…?

음식이
심심하다고 했네.
아… 예.
하지만 그만큼
나트륨 섭취도 적고
칼로리도 적어서 건강에…

건강… 그렇구만.
확실히 건강한 음식이긴 해.
뭐, 궁리도 제법
했다는 건 알겠네.
주재료는
대부분 채소이니
부족한 맛은 향료로
보완해보려고 했구만.
익힌 가지나 버섯을
최대한 기름을 적게 쓰고
구워내서 고기 같은 식감과
진한 맛을 내보려고 했고….
오…
알아주시는군요!
그렇긴 한데…
근데 그냥 집에서 밥에다
나물 넣고 고추장이랑 슥슥
비벼 먹는 거랑 얼마나
다른가?
…!!
영양적으로야 뭐 나트륨 섭취가
좀 덜하다는 것 빼면 거의 차이가
없을 것이고. 맛도… 이렇게 슴슴해서는
나물 비빈 밥보다 크게 뛰어나진
않을 것 같은데.

그렇다고 가격을 세게 받는
것도 아니니 유지는 어떻게 하는지…
뭐, 만들고 싶은 요리 만들고 있으니
자네 사신이 만족스럽기는 하겠군.
으음…
…근데 안색이
어둡구먼. 그렇게
만족스럽진 않나?
…
그게… 아무래도 경영이
쉽지가 않아서 말입니다.
처자식도 있고요.

그렇다면
손님들이 원하는 걸
만들면 되지 않는가.
그거야…
지금도…
아닐세. 지금 자네가
만들고 있는 것은
자네가 만들고 싶은
음식일 뿐이야.
예…?
방금
내가 말한 걸
생각해보게.
정녕 건강을 생각한다면
그냥 집에서 나물이나 비벼 먹으면서도
충분히 칼로리 제한과 영양 균형을
찾을 수 있다네.
아니면 자네는 그 이상의
대단한 효능을 가진 건강식이라도
만들 수 있는가? 한 그릇으로
눈에 띌 만한
그런 효과를 불러오는?
그건…

어쨌거나 식당을 찾아오는 목적은 집에선 맛볼 수 없는 그런 특별함을 맛보고 싶어서 찾아오는 것 아닌가?
그건 그렇습니다만…
손님들도 바보는 아니야…. 이런 곳에서 한 그릇 요리를 먹었다고 해서 뭔가 극적인 효과가 올 거라고 바라지는 않지.
어쨌거나 외식은 끼니를 때우는 것이 아닌, 먹는 데에서 즐거움을 찾기 위한 것. 원하는 것은 만족스러운 식사라는 형태의 사치일세. 그것을 원하면서도 굳이 '건강' 식당을 찾아온다는 것은?
그건…

즉, 여전히 원하는 건
진한 맛의 호화로운
식사일세.
그럼에도 굳이 건강식당을 찾는 건
'건강식'이라는 이미지를 이용해
심적인 부담을 덜기 위함이지.
따라서 기름지고 맛이 진한
요리를 유지하되 푸른 채소, 허브 같은
것들로 장식해, 보기에도 세련되고
건강할 것 같은 연출을 곁들이는 식으로
요리를 만들어야 하지.
하지만 그래서는
의미가…
자네는 아마
이미 그런 식의
'건강요리'를 알고
있을걸세.
…!!

…
매일 건강식을
제공할 수도
없거니와,
설령 내가 건강식을
내놓는다 해도 집에서 나물에
밥이나 비벼 먹는 것에 비해
월등히 낫지도 않다면…
푹….
하하하하하하하하!!
처음부터
잘못 생각하고 있었구나!

손님들이 원하는 것은
정말 '건강을 가져다주는'
맛이 부족한 음식이 아닌,
'건강해 보이는'
맛있는 음식…!
그걸 곧이곧대로
저칼로리, 저염분의 요리를
내고 있었던 나는 첫 단추부터
잘못 꿰고 있었던 건가….
즉, '건강'이 아닌
'이미지'를
추구하는 건가…
본질은 여전히…
…!!
이렇게 가르침을 주시는
노인께서는 대체
누구십니까?
나는 남화노선이라 한다.
이제 네가 방황하고 있기로
내 특별히 찾아와 가르침을
내려주고자 찾아온 것이니라.
허나 금세 이리
깨달음을 얻으니
내 생각보다 더 자질이
있어 보이는구나.

나는 사람들의 마음을
들여다보고 뜻대로 다루는 방법을
열두 권의 책으로 엮었으니
이를 태평요술서라 한다.
사람들이 원하는 것을
포착하여 네 마음대로 할 수
있는 술수를 말하는 것이니
이를 마케팅이라 한다.
네가 한낱 이 가게에
연연하지 않는다면
이것을 전수해줄 테니
내 뜻을 펼쳐보겠는가?
…
…좋습니다. 그동안 제가 원하는
요리만을 추구하는 바람에 이렇게
영락하게 되었으니, 이번엔 사람들이
진정으로 원하는 것을 찾아서
귀하게 되어보고자 합니다.
좋구먼,
좋아.
그렇게 해서…

난 그동안의 오만함을 뉘우치고
진정으로 사람들이 원하는 것을 찾아
팔아서 그동안의 과오를 청산하고…
또한 적지 않은 부귀함을 손에
넣을 수 있었던 거라네.
…
…
어떤가.
자네도 소질이 있어 보이니
이 태평요술서를…
일없수다. 뭔 소리를 하나
한참 듣고 있었더니,
그러니까 사업 실패하고
사기꾼 같은 장사 시작했다는
얘기를 엄청 장황하게
하는 거였구만!!
내 입이
왜 째져 있나
얘기해줄게♡
옛날에…

『유사과학 탐구영역』을 재밌게 읽어주시는
모든 독자님께 감사드립니다.
이번 총 20화의 이야기로 첫 번째 시즌,
책으로는 제1권이 마무리됩니다.

이어지는 시즌도 기대해주세요.
감사합니다!

단기속성

유사과학에 속지 않기 특강!

#1 엄격. 근엄. 진지.

산은 산이요
물은 물이니라.

모든 진리는
이 한 문장 안에
전부 들어 있다!!

……

?

#2 어쩌라고

#3 그렇다고 합니다

#4 그런 거 없다

#5 피차일반

사람의 소화기관은 매우 정교하게 만들어져 있는데
그 목적은 최대한 안정적으로,
그리고 일정하게 필요한 성분을 받아들이기 위함이다.
수소수건 자화수건 뭘 마시건 간에 위에서 염산으로 소독하고
다시 중화되어 내려오지.
그 난리통을 거치는데 물속에 수소가 좀 들었든 구조가 육각형이든
그게 그대로 남아날 수가 없지.
결국 어떤 특별한 물을 마셔도 결국 '물은 그냥 물이다'라는 말이야.
오호
물뿐만이 아니라 우리가 먹는 음식들도 그래.
소화기에서 흡수되는 성분들 중
포도당, 과당 같은 작은 수용성 성분들은 확산으로 들어오기도 하지만
그보다 크거나 지용성 성분들, 이를테면 단백질은 철저하게 기본 단위 분자인
아미노산으로 분해되어 거기에 맞는 수용체를 통해서
선별적으로만 흡수될 수 있거든.
…?

#6 밥이 보약은 아니다

즉, 뭘 먹든 간에 우리 몸이 흡수하는 성분은 정해져 있다는 거지.
그 외의 것들은 아예 흡수가 되지 않거나 기본 단위로 부서져서 흡수되기 때문에 그 효능을 잃어버린다는 것.
이 녹즙에는 비타민이랑 무기질이 풍부하게 들어 있어서 좋아요!
이런 건 문제가 없지만
이 녹즙에는 항산화 성분과 피로를 풀어주고 면역력을 높이는 특수 성분이…
이런 건 사기라는 거지.
애당초 먹는 음식에 특별한 효능이 있으면 그건 약이지 음식이 아니라서 그냥 유통하는 게 불가능하다고.
물은 물, 음식은 음식! 그 이상의 효능은 없어!

이렇게 '소화되어버리는' 문제 때문에 약물은 캡슐의 형태로 보호하거나 혹은 주사로 직접 주입하는 방법을 택한다.

유사과학 탐구영역 1 / 끝
다음 권을 기대해주세요!

끝까지 읽어주신 여러분 안녕하세요, 계란계란입니다! 이 책을 골라주셔서 감사합니다. 참으로 여러 가지 효능, 기능성 상품이 넘쳐나는 시대입니다. 하다못해 단순한 방석 하나를 골라도 항균/탈취/음이온/원적외선이 따라나오는 요즘이죠. 그 효능이 정말 있는지는 둘째 치고, 과연 그 수많은 기능성 상품들에 광고대로의 효능이 있는가, 그리고 어째서 이토록 효능, 기능성 상품이 범람하게 되었는가에 대한 생각이 이 작품을 만드는 계기가 되었습니다.

'정말 그러한 효능이 있는가' 이 의문을 형상화한 캐릭터가 주인공인 고혜람이고, '어째서 그런 기능성 상품이 불티나게 팔리고 있는가' 이 의문을 나타내는 게 잡상인 할아범입니다. 물론 정말 그 많은 상품들이 광고대로 굉장한 효능을 가진 것은 아닙니다. 전혀 효능이 없거나, 오히려 해가 되는 제품이 있기도 하죠. 그런 제품들이 그런 효능을 가진 것 마냥 설득력을 얻기 위해 택하는 것이 유명한 과학자의 이름이나 연구, 과학 원리 같은 것들을 가져다가 (효능과는 별 관계가 없는데도) 현란한 미사여구를 곁들여 광고에 사용하는 것입니다.

음이온, 원적외선, 천연 성분 등… 사실과 다르거나 거짓임에도 '과학적이다'면서 받아들여지는 수많은 괴담들, 그것이 바로 '유사과학'이죠. 그래서 처음에 생각했던 이 만화의 제목은 '현대기이담론평서(現代奇異談論評書, 현대에 판치는 괴담을 논평하는 이야기)'였습니다만… 너무 현학적이어서 퇴짜 맞고 다시 나온 제목이 '유사과학 탐구영역'이지요(수능 시험의 과학탐구영역을 살짝 비틀었습니다).

이 책을 읽은 여러분께서 조금이라도 허황된 상술이나 유사과학으로 인한 불안에서 벗어날 수 있다면, 혹은 유사과학에 시달려온 분께서는 이 책으로 조금이라도 사이다를 마신 듯한 시원함을 느끼실 수 있다면 좋겠습니다.

감사합니다!

유사과학 탐구영역 1

2018년 7월 27일 초판 1쇄 펴냄
2022년 6월 8일 초판 5쇄 펴냄

지은이 계란계란

펴낸이 정종주
편집주간 박윤선
편집 박소진 김신일
마케팅 김창덕

펴낸곳 도서출판 뿌리와이파리
등록번호 제10-2201호(2001년 8월 21일)
주소 서울시 마포구 월드컵로 128-4 2층
전화 02)324-2142~3
전송 02)324-2150
전자우편 puripari@hanmail.net

디자인 공중정원, 이경란
종이 화인페이퍼
인쇄 및 제본 영신사
라미네이팅 금성산업

값 16,000원
ISBN 978-89-6462-727-3 (04400)
978-89-6462-728-0 (SET)

이 도서의 국립중앙도서관 출판예정도서목록(CIP)은 서지정보유통지원시스템 홈페이지(http://seoji.nl.go.kr)와 국가자료공동목록시스템(http://www.nl.go.kr/kolisnet)에서 이용하실 수 있습니다.(CIP 제어번호: CIP2018021646)